铺首

晋、徽商居文化中的门饰艺术

胡晓洁 著

上海文艺出版社

艺术与人文丛书

资助基金

- 教育部人文社科规划基金《传统晋商民居建筑门饰的调查研究——以铺首衔环为例》（项目编号：17YJA760018）
- 黄冈师范学院美术学学科资助

"艺术与人文丛书"编委会名单

编委会主任

王立兵　　陈向军

主　编

胡绍宗　　廖明君

编委会成员

（按姓氏笔画排列）

马志斌　　王立兵

王　锋　　方圣德

刘晨晨　　许晓明

李修建　　汪小洋

张士闪　　陈向军

陈孟昕　　胡绍宗

钟劲松　　袁朝晖

黄厚明　　彭　锦

程　征　　廖明君

总　序

　　在中国地形图上，大别山就像一只从西北向东南爬行的巨大蝎子，它的尾巴经桐柏山断断续续与秦岭山脉相连，横亘在长江中下游平原与华北平原之间，成为淮河流域与长江流域的分水岭，也成为中国北方与南方之间重要的地理分界线。

　　大别山地势较高，南北两侧水系较为发达，分别注入长江和淮河，其西南山麓包含着整个鄂东地区。由大别山主脉发源向西、向南以及向东注入长江的主要河流有倒水、举水、巴河、蕲河、浠水等五大水系，每一个水系都接纳了很多支流。这里是鄂东农耕先民们世代繁衍生息的地方，自古就是一个重要的文化地理单元。它背列重山，襟带大江，据云梦洞庭之阔，扼长江东去之喉，具有承东启西、纵贯南北、通江达海的区位地理优势。在历史上，鄂东大别山的东、西部就是北方文化南迁的重要通道。鄂豫交界的南阳盆地是接纳隋唐以前关中及中原族群南来长江及以南地区的重要通道。从这里出发，经过襄阳，一条路线是顺着鄂中大洪山西边，沿汉水下游，过荆州，入洞庭；另一条路线是走大洪山以东，穿过"随枣走廊"，进入今天的鄂东大别山丘陵地带。

自古以来，鄂东就是中国政治文化的重要地区之一。南北通达的"光黄古道"与东西纵横的长江漕运在这里划上了一个呈东西南北通达结构的交汇点。元末明初之后，来自江西的移民从这里开始了长达几百年"江西填湖广""湖广填四川"的移民潮，随后朱明王朝不懈的军垦运动，进一步奠定了鄂东山地、河湖、洲畈地区早期人口分布的格局。明中后期开始至清康熙朝，鄂东蕲、黄两府的经济和人口一起快速增长。

复杂的人文地理历史背景书写了深厚的鄂东民间文化。这里孕育了一大批在中国历史文化各个领域有影响力的大家。如中国佛教禅宗四祖道信、五祖弘忍、六祖慧能，活字印刷术发明人毕昇，医圣李时珍，现代地质科学家李四光，文化学者与民主战士闻一多，国学大师黄侃，哲学家熊十力等。苏东坡谪居黄州四年，他寻诗访友的足迹又为这里的人文历史图景叠加了一层清晰的文化经纬。

呈现在读者面前的这套"艺术与人文丛书"，大部分的选题来自鄂东地区，分别涉及传统村落、民居建筑、民间手工艺、民俗信仰、生产生活等领域。这些选题既可包括在现行高校学科体系下的美术、设计等艺术专业的实践范畴之中，也可纳入人类学、社会学思考的理论视域之下。丛书中的大多数学者都出身美术的实践性术科，在课堂教学和学术田野之间往来行走，因此这些选题是他们教学的延伸，自然取经"由技而道"的学术之路。

虽然这些研究还有些青涩，但却饱含着一个个热心人对于田野的激情和对于学术的执着，保持着一种与乡村社会接触过程中鲜活的感受。

亲近田野就是一种学术优越。以宏阔的视野和高深的理论观照学术固然有高度，但与田野同在也有其亲近感。近些年来，黄冈师范学院美术学院积极回应区域社会对于高校的呼唤，投身于鄂东黄冈的地域经济与文化建设中，把学术的田野划在鄂东大地上，把研究者的身影摆进地方建设的队列中。这里的年轻学者，一直行走在鄂东的乡村田野中。在学校高层次人才引进工程中，他们受惠于热心学者的帮助，陆续找到了各自研究的方向，也积累了一些成果。截至2019年，黄冈师范学院美术学院教师团队已经成功获批国家社科基金、国家艺术基金、教育部人文社科、省社科研究项目20多项。目前这些项目都在陆续结题，成果也在陆续整理中。为了赓续鄂东悠久而深厚的地域文脉，发挥优秀传统文化的引领作用，学院决定甄选一批优秀研究成果，出版"艺术与人文丛书"，推动黄冈师范学院艺术与人文学科的建设，助力地方社会建设，实现高校的时代担当。

大别山从西向东奔来，在黄梅这个地方收住了脚步，驻足在长江边上，与对岸的锦绣庐山隔江相望。而江北的黄梅东山并不羡慕庐山的无限风光，却在自己的小山里涵养了禅宗四祖、五祖，并从这里送走了一代宗师六祖慧能，东山因此有灵。地方高校的优势在于地方特色的彰显，在于担负起地方社会文化经济的任务。身处鄂东的年轻学者自觉走进乡村魅力田野，参照艺术人类学和中国乡村的研究范式，坚持以人文为视角，强调以艺术为对象，扎根鄂东社会，注重田野调查，努力从学理上探讨鄂东艺术与人文的相关问题，也为艺术人类学和中国乡村研究提供鲜活的学术个案和理论探究，逐渐走出了更大的空间。"艺术与人文丛书"的出版只是一个起步，相信未来会有更多更好的成果涌现。

丛书主编 胡绍宗

目　录

CONTENTS

/ 前 言 /

回首最初关注铺首，已是二十年前，当时带着学生在安徽的古村落考察，偶然发现一副副看似相近，却又各不相同的门环，后又得知它们有一个雅致的学名——铺首衔环，不由心生好奇，萌发兴趣，不断去了解这个村落都有着一些什么模样的"铺首衔环"，为什么会有这些物件，它们的主人又会是谁……在那一年，我开始了第一个村落的铺首衔环调研，这次调研也彻底点燃我对于建筑装饰浓烈的兴趣。在之后的二十年时间里，我断断续续走过了全国十余个省，百余个村庄，收集了大量的第一手资料。

这其中令我最惊艳的是在山西的调研。

学生刘颖佳得知我关注她家乡的门饰，向我推荐了王建华老师的《三晋古建筑装饰图典》，这本书很大程度上督促我开启了第一次在晋商土地上的调研。2014年4月，我孤身前往以襄汾丁村为中心辐射的晋南地区。丁村，深深打动了我，既因为它拥有丰富历史的民居建筑，也因那片土地上淳朴善良的人们。之后，我又分别在当年暑假调研了以乔家大院和王家大院为代表的晋中地区，同年秋季调研了以大同为代表的晋北地区，遗憾收获不大。隔年秋再访大同，仍未达到预期。之后陆陆续续托学生、朋友留意帮忙收集资料，一直未能揭开它的秘密。2016年1月，因无意中看到的一张照片去到高平，对于长期生活在南方的我们，北方的冬天狠狠地给我上了一课。原本没太当回事的小小风寒，到高平后愈演愈烈，进展到剧烈咳嗽甚至咳血，我强撑着在高平的诊所挂完水又继续走村串巷，北方的风似乎有魔力，还能穿过帽子让我的脑壳一阵阵生疼。这趟行程在调研皇城相府、郭峪村、上官村等后草草结束了。此次陪我同行的是我的长治籍学生王潇曼，一路上她辛苦地陪同调研，还依此为起点，协助完成了一件所有人都认为只有电视剧里才有的故事。

我出生时爷爷奶奶就不在了，只留下爸爸和我的姑姑相依为命，日子过得很清苦。那个时候，爸爸的姑姑家住山西，时常寄来财物支援他们，陪伴他们度过了生命中最难的时候。两家人书信往来多年，后来由于搬家而失去联系，爸爸寄去山西的信件一封封被退了回来，集了有厚厚的一沓……多年以来，想与山西姑奶奶一家联系的愿望从来没有停止过，一个偶然的机会，我遇上了一个家在山西长治的学生（王潇曼），于是委托她帮忙寻亲，茫茫人海谈何容易，有效的线索寥寥无几，她用了大半年的时间居然神奇地帮我找到了！时光飞逝，姑奶奶家的后人们也都年近花甲，姑奶奶、姑爹和她的长子都已过世，据说当年老人临终未能联系到我们一家也几多遗憾。2018年体检查出帕金森以来，我老爸身体大不如前，正筹划着克服困难去趟山西与亲人们团聚，没料到他的表弟表妹们却做出一个惊人的决定，4位连夜从长治乘火车，2位从南京自驾，还有我的姑姑姑父从广州，齐齐来到湖北团聚！他们中有几位也曾在黄冈生活过，这趟回来一来看望我年迈的父亲，二来也一解乡愁。陪姑姑叔叔婶婶们的这几天里，我被浓浓的亲情环绕着，听他们讲述之前的往事，寻找他们之前生活过的地方和他们家族的后人，领着他们品尝传统的黄冈特色美味。从他们话语里，我深深地体会到他们对于家乡的情怀，老一辈心中的亲情远比我之前想象的浓郁得多，在一起相聚的日子里，老爸脸上也少有地挂上笑容。七十岁老人们的聚会是快乐的，是美好的，是难得的，也是感人至深的！不知道我对于山西人由来以久的好感是不是也因了这一层的血缘关系呢？潇曼同学的鼎力帮助，圆了双方老人几十年的一个梦！

2019年夏，我又带着另一名山西籍科研助手王佳敏来到晋东南，在家人们的帮助下，这一路出奇顺利，收集到很多宝贵的资料。再访高平，良户村和苏庄村给了我很大的启示，这一次调研有了质的提升。时光飞逝，父亲在这次相聚后两年多离开了我们，2019年再访山西时陪伴我调研的小叔也已离世，现在脑海里清晰浮现他们的音容笑貌，那么亲切。对于铺首的关注，把我和山西联系在一起，而晋东南恰恰在有意无意之间，成为了调查研究的焦点。我也常常会想，这或许就是亲情的玄妙吧，我把这个课题当作是上天给我的馈赠，它把我与失散多年的亲人们连接起来，多么美好。很多年以后想起这件事情才知道我对于晋东南，对于山西的情结，是因为根在那里。未来的日子，我还有很多学术的问题有待继续，还有很多的往事要回顾，山西，我定会常来常往。

再回头看那些安安静静躺在古建筑上的门饰，仿佛正在无声地诉说它和建筑的故事，在一次次的发现、感叹中我积攒着对于它们的复杂情感，在二十年后的今天，终于决定为它做点什么。

其实，一直以来我所说的调研，其实并非那种所谓的"专业调研"，基本上是各乡间村落里的走走拍拍，在行走中发现，在发现中记录，在记录中再发现，继而继续行走，如此循环。行走的地方渐渐多了，看的东西也越发丰富，观点慢慢开始冒了出来，随之也产生出很多相关问题。正如第一次去到山西丁村时，被当地全然不同的民居铺首给惊到，遥想当年，应是明清晋商们影响下的倾心之作了，与活跃于同期的徽商商帮所留下的民居铺首和而不同，值得研究。

一旦开始做这件事情，才发现多年来纯粹建立在喜欢和好奇下收集起来的这些资料，缺乏相应的历史学、民俗学、人类学、美学等学科知识的支撑，也仅能浅浅看看而已。没有构建起系力感，也最令人苦恼。为了解开萦绕在心头的一个又一个问题，我不得不开始查阅各类文献以拓展自己的视野，在必要的情况下故地重游，去个别村落再次调研，三次调研，找关键人物访谈。以问导学的体验感很强，也很有效，它让我的认识逐渐形成脉络。在某个问题上辗转反侧，夜不能寐是常态，找到突破口后是一种彻底的愉悦和满心的轻松。在这样的轮回里，对于铺首的认识也越来越立体，越来越难以割舍。每天不看看它就像少了点什么，成为近几年我的生活常态。

作为一个历史长河中的一个物件，在岁月的洗礼中，铺首承载太多太多，我要感谢它，它就像一扇窗户，打开了我之前对于某些无知领域的兴趣，也让我逐渐学会变换角度，更换思路看世界。

停笔之际，我要感谢黄冈师范学院的胡绍宗教授，他严谨治学的态度深深影响着我，感谢他一贯的鞭策与支持，给予我勇气去挑战这样体量的课题。要感谢学生孙诗、徐慧萍、王佳敏、张瑞霏等参与部分图形的线稿绘制。我还要特别感谢我的大学同学孙斌，感谢他在我许多次的写作困顿中指点迷津，让我重拾信心，终于得以完稿。

当然，所学有限，无法圆满。虽一直在探索但仍难避免各种不足，书成之际，欢迎各位关注此书的学者朋友们，多提宝贵意见，以促完善。感谢之余，"铺首"这条路，我当继续走下去。

2022年12月20日于湖北黄冈

导 论

中国传统建筑是一个人文发展时空及环境建构的综合体,它是五千余年中华民族发展历程及结果的重要组成部分,它集中华民族集体智慧于一身,彰显着中华民族地域、人文的种种内容、形式及特征,它蕴含着丰富多彩的人类智慧和劳动成果,是中华民族古代文明的结晶之一。

中国传统建筑的任何组成部分,都是一部丰富多彩的人文史,凝聚着人们的劳动技术、技能及技巧,凝聚着民族的智慧。铺首衔环,就是其中之一。铺首,作为建筑的一个重要构件,在中华民族建筑史上,经历了一个探索、设计、制作及利用、改造、完善的过程。在其初级阶段、人们谋求造物及适合性功能的过程中,铺首既承担着人与建筑连接的适合性功能的作用,又肩负着一定识别、认识等其他丰富的文化功能。例如,人创造建筑并利用建筑为自己的生活服务;再如,人识别建筑所形成的环境与自身关系的功能等。随着社会文化分工及物质形态与意识形态逐渐充分融合,建筑的物质造型形态与政治伦理结成了有机的构成关系。于是,建筑构件的功能发生了鲜明的变化。它越发有助于激发人的劳动创造与生活的乐趣。就是这样,中华民族在漫长的历史演变过程中不断地积累着劳动、生产及生活的智慧。

中华民族文化是多元融合一体的文化,这既表现在以人为主体的多民族的人文融合中,又表现在劳动作为主要方式所创造的具体内容、表现形式及内涵的交互融合中。在中华民族文化中,建筑是颇具民族个性的文化范畴。自从以砖、木、石为建构物质的媒介及模式形成并发展以来，建筑在中国文化发展中迈上可持续发展之路，随之经历了去粗取精的发展而成为中华民族文化的精粹，并为社会各个文化阶层所推崇。建筑在中华民族大文化环境中呈现为既分散又聚集的布局，它散布在各地区域，但就人文时空而言，它的跨越性发展及沉淀和积累，又呈现凝聚的特征。在此，中华民族建筑人文内涵的聚集性表现为特定的地域性、特殊的民俗性、宗教性，以及有效的延续性，即时刻遵循着时代的文化需要，具体反映为人们用时代文化打下的烙印，这种种在最终的民族智慧结晶上形成了环环紧扣的建筑文化链条。

总而言之，建筑是中华民族数千年来多民族集体智慧的结晶，是纯粹的劳动及智慧创造，是中华民族人文建构极其重要的历史文化遗产之一。

就建筑本体而论，它的功能性目的是，竭尽全力地解决人的居住问题的、最早从原始群居式生活就开始孕育营造意识并匆匆地展开实践性及实验性的劳动。人们改造天然洞穴并在适当的地域及适应的时候掘地为穴而居，或者在森林中架构窝棚以趋利避害等，建筑意识就这样在不自觉中出现了。值得注意的是，建筑因地域而明显地表现出不同的形式，或地穴式，或阁楼式，或窝棚式等等，但无论怎样，均是旨在遮风挡雨、驱寒避暑、防止自然灾害伤害与防止野兽侵袭的物质性装置。

对于建筑本体的认识、理解、分解及整合，是一个漫长过程的结体，人们思考及意识到的，尤其在实践中应用到的，既包括建筑本体所处的环境，这其中孕育了建筑的地形及地势依据，还孕育了建筑的面向和背向的意识及理念支撑，乃至最终形成了有关建筑与居家风水学说；又包括建筑构件的功能及支撑其功能正常实现的材料及工艺理论，及至最终形成了有关建筑的工程、工艺及技术的理论基础，而针对建筑的某个局部，则出现了构件，或者配件，这样，有关建筑的模式及结构体系形成。至此，如果说建筑范畴已经完备了，那还为时过早：在建筑与人们达成的关系中，每个民族都有着各自的人文积淀，每个区域都存在着各自所标榜的特殊理念，每个时代都有着不同的创造意识。就是这样，建筑作为一个复杂丰富的物质文化与非物质文化范畴，在融入自然环境要素与适合人们生产与生活需要的过程中，在解读与包容人文要素中逐渐发展、开拓，乃至积累起来，最终成为一个集自然与人文双重叠加并融合的人文范畴。

两千年前，老子在《道德经》里说："凿户牖以为室，当其无，有室之用。"房屋建筑都有门窗，门作为出入口，是通道，也是建筑等级的象征。自古以来，被称为"门脸"和"门面"的门饰，得到人们普遍的重视，它大体包括铺首衔环（门环）、门钉（乳钉）、暗锁、铁皮包门（看叶）、花印和门雕门刻花印等，精心雕琢，刻意布局，它存在的目的就是给门饰艺术的建筑和使用者彰显身份。

铺首衔环，尽管在建筑门饰中是一个小的部件，但它却被巧妙地设置在各种功能的门面上，成为建筑构成中一个不容忽视的有机配件。它在文化隧道中经过各种建筑与非建筑因素的参与和浸透，逐渐演变为一个实用与装饰及审美等相结合的物质载体，即它由最初的功能性设置融汇了装饰性和装置性及审美并将吉祥寓意、祝福、祈祷安康、祭祀、宗教等民俗性内容一并结合起来，进而形成了一个文化内涵丰富的人文情结。

就建筑的一般性语义而言，铺首和衔环在中国传统建筑中，不论是各民族的文化，还是不同的地域生活，都在普遍意义上存在：铺首衔环具有一般和普遍的功能性作用，它的巧妙设计与在门上的布局常常给人的生活带来极大的便利，它的有效设计与装配利于不同性别、年龄的人们能够最有效地使用它，帮助人们采用推、拉方式开、关门或上锁、关闭门户，这是铺首衔环基本的功能性语义。

随着建筑文化内涵的不断丰富，铺首衔环在文化语义上也日益丰富起来，首先，它满足了建筑文化的基本内容，即它以符合建筑目的、建筑对象、建筑方式（营造方式）、建筑功能，以及符合建筑理念的方式来发挥着移动门板及关闭门户的作用，随后，又经历了不断的融汇，于建筑大文化体系的完善中，阐释着属于自身的文化语义，从而获得进一步发展与充实。

人们感觉到仅仅实现了铺首衔环基本的设计目的并不足够，仍然需要其他的文化阐释，才能从生理感受与心理体验上得到进一步的满足，当然，这样的满足感，在不同社会阶层中是完全不同的，若究其历史渊源和社会根源，最初的语义在奴隶制时代就开始出现，在西周，出现了一种严格的分封制，它的内容、形式及实质，完全是以社会生产及成果的拥有、分享及使用为基础的等级制和世袭制，例如，《齐语》载道："士之子恒为士，农之子恒为农，工之子恒为工，商之子恒为商。"从此，中国传统社会一直将之奉为社会文化运作的典范延续下来。

长期以来，在中国社会文化范畴中所沿用及演绎而成的、并受到国家法律严格规范和保护的社会文化，就是对社会劳动力的支配与劳动成果的获得及使用的特权的维护，它用阶层和阶级的划分来加以严格规划，社会文化阶层被分成"士、农、工、商"四个主要阶层，其中，士文化阶层占据着最高的社会经济、政治及意识形态等文化地位，对社会文化发展及拥有和使用，有着绝对的话语权，这既是社会政治伦理制度，又是一种社会经济、政治及意识形态等综合的文化制度，它是直接维护在社会中占据经济、政治统治地位的特殊文化阶层根本利益的。

然而，夹杂在传统社会中的根本矛盾，恰恰是按照社会政治伦理排在最后的商业文化阶层，偏偏拥有十分庞大的社会性物质基础，但却被社会文化生活制度所限制，制约了他们的社会生活内容及表现形式。西周时期，青铜器生产制作已经达到成熟，但是它的使用仅仅限于士族文化阶层，除此之外，其他的社会文化阶层加入生产和使用，就被视作"僭越"，并以触犯国家刑律予以重罪处罚。这种社会制度作为一种根深蒂固的传统社会规范一直成为中国传统社会文化运作的铁律存在，并起着规训社会的作用。直到明清时期，尽管社会文化逐渐发展，限制却越来越严格了，这不仅仅体现在建筑领域，在其他领域也概莫能外，例如，明代正统年间，就人们普遍通使用的陶瓷器也出现了严格的限制，"浮梁民进瓷器五万余，偿以钞。（但）禁私造黄、紫、红、绿、青、蓝、白地青花器，为者死罪。"① 就是这样，对于物的生产和使用，传统社会制定了严厉的法律，对违者进行严格惩罚，甚至残酷打压。而与这种社会制度相矛盾的是，商品经济社会夹杂在小农社会中所起到的作用仅仅是一种产品的供给，而绝非占据主导地位。故此，拥有社会财富的商人并不处于社会文化统治中枢，这最终使商人阶层在社会文化生活中处于十分尴尬的境地，直言不讳地讲，商人虽然拥有巨大的社会财富，但在社会文化生活中却不能全部使用。明清时期，晋商、徽商建筑及文化正是这种社会文化及矛盾的反映。

明清时期，因经营有道而逐渐成为社会庞大财富拥有者的商人及阶层，试图通过衣、食、住、行、用等方面来展示其文化实力，甚至试图颠覆传统社会伦理，但却由于种种社会因素制约仍然处于从属社会文化地位。晋商和徽商是明清之际所崛起的商业文化阶层的典型代表，他们在建筑中的设计与营造，并不能脱离中国传统社会环境营造的文化体系及各种桎梏的影响，但他们对于社会财富的拥有和使用也不能不说是挥尽其财而后快。就这样，晋、徽商派在矛盾交织中设计与筑造了自己的住宅。历史就这样在文化主体的矛盾纠葛中留下了一部内涵深刻的文化史。

铺首衔环，就是这部文化史中最为经典的范例，揭开铺首衔环的内容和形式的奥妙，探讨其深刻的文化内涵，不能不说裨益颇丰。另外，不论是建筑主体意识，还是建筑对象，乃至建筑元素等，都不是单一的。历史上，中国建筑原本就体现了中华民族多元文化的融合，春秋战国以来，尤其秦汉之后的南北朝时期，十分明显地出现了草原文化与耕作文化的结合，这对中国建筑走向，具有明显的影响。游牧于北方、西北的匈奴族早在春秋战国时期就与中原民族频繁接触；南北朝时期匈奴、鲜卑、羯、氐、羌五个少数民族不仅与汉族频繁交流与相互影响，还建立了不少地方性政权，北魏就是由鲜卑拓跋部建立起来的；北魏还大力发展

---

① （清）张廷玉等撰. 明史·志第十八[M]. 北京: 中华书局, 1992: 1333.

了佛教石窟开凿，石窟及辅助性建筑便是长期以来佛教东渐的重要文化成果。

中国建筑及文化体系还受到舶来文化的影响，打上世界多个民族文化的烙印。在中外文化交流中，中国输出了自己的文明成果，同样，中国也以"海纳百川"的姿态融汇世界各民族积极有益的文化成果，进一步丰富了中华民族的文化体系。公元一世纪（东汉明帝时期）佛教传入中土以来，公元十三世纪伊斯兰传入中土时期，佛教建筑和伊斯兰教建筑在中华大地上拔地而起，此时，中国传统砖木建筑结构中，便融入了佛教、伊斯兰建筑因素及艺术审美的要素。十八、十九世纪以来，尤其清朝康熙、雍正、乾隆三朝，欧洲的天文、数学、医学、绘画及建筑等逐渐传入中国，并在中国形成极大的影响力，直接影响到大清帝国的社会生产，尤其影响到大清帝国的建筑设计及"营造法式"①。例如，清朝的皇家园林——圆明园，从雍正时期开始设计与营造，直到乾隆时期才竣工，更重要的是，它采用了中西合璧的设计理念和营造方法，成为中外文化交流与互动的历史见证。

在此，独立并专题探讨民间建筑的铺首衔环，虽是建筑的一部分，但对于了解民间社会生产、经济文化生活有着极其重要的历史价值和现实意义。一方面，民间建筑是中国传统建筑的重要组成部分，是中华民族文化的历史遗产，是中华民族文化可持续发展不可忽视、绝对不可遗弃的重要组成部分。传统农业社会文化是一个以家庭为基本单元的社会文化，一家一姓的"家天下"一直制衡与严格限制着其他家族的发展内容、形式及规模，这就是社会伦理政治的本质。民间建筑，依据建筑的功能，采用一定的材料及工艺，以及采用宜兴的造型形式，并根据地形地势及气候等来决定建筑的方位；根据民俗文化生活的内容、形式决定民间建筑的空间布局，乃至内部居家陈设等，这便是民间建筑的文化范畴。然而，占据"家天下"主导地位的家族更是具有鲜明的家庭和社会关系旗号，它采用家庭伦理和社会伦理相结合的方式对民间建筑从材料到制作技艺，从空间布局到地

---

① （宋）李诫，《营造法式》.

址选择，从建筑形式到室内的布局及装置，再到各个部位装饰的题材、内容及表现形式等进行综合思考，并给予适当布局，使得民间建筑被严格限定在一定的规范中——但它是符合功能需要的，而铺首衔环就是这样被社会文化界定并具有深刻文化内涵的民间建筑的重要配件之一。

第一章

关于铺首

铺首衔环，简称"铺首"，是中国传统建筑之门结构形制中极其重要的组成部分，就造型而言，它可以独立地作为一种可视性形态；就功能而言，它可以助人以推、拉、叩、开、闭，乃至严密封锁门户之用；就文化语义而言，它吸取了中华民族丰富的文化内涵，集中反映着中国家庭伦理和社会伦理的文化内涵——它从自然和人文形象中汲取造型的基本内容并经过适合的几何抽象的方式，在与建筑母体，尤其与自身所依托的门板有机结合的情形下，设计了造型的基本形象，然后，再基于造型的基本材料，并采用相应的工艺制作技术，完成了生产制作。

铺首衔环既反映着建筑的功能性要求，又反映着建筑文化与中华民族文化的子母关系。

1.1 基本定义

有关铺首衔环，在建筑学文化语义中，由来已久，最早见于班固所撰的《汉书·哀帝纪》，其中，载道："孝元庙殿前铜龟蛇铺首鸣。"唐代颜师古对之作注："门之铺首，所以衔环者也。"另外，由东汉许慎编撰的《说文解字》金部铺字条下曰："铺，著门铺首也，从金甫声。"铺首是辅以首先之意，最先看到或触摸到的对象。衔环是用来拉扯的环状物，凡是需要拉扯移动物质的器具、车辆等，均可以采用衔环这样的配件。在建筑中，铺首和衔环相结合，表现为在建筑物与人接触的界面上设置了一个便于开启和关闭的装置。结合历史文化创造性发展与逐渐丰富的主客观事实可知：在长期的营造活动中，逐渐形成了有关建筑的一整套运作理念及文化体系，而铺首衔环是中国营造文化中一个具有实用功能和装饰语义的重要构件，是营造文化范畴中特殊的概念及文化范畴之一，它具有悠久的历史渊源及复杂的演变过程，不论造型形式，还是装饰，乃至所蕴含的文化语义等，都是中华民族人文创造的重要组成部分，体现着人与自然的征服和被征服，人造物与人生产和人生活的适合性匹配关系。

1.2 文化属性

文化是指人运用各种媒介及具有辅助性的各种思维与相对应的行为进行劳动的过程及结果，以及分享这样的过程和结果的总和。文化首先反映为劳动创造，它是人类长期劳动，尤其是劳动创造的积淀，是劳动成果的结晶。劳动既是物质形态，又是意识形态，尤其是具有地域性的民族性的生产和生活形态。由此可见，文化是人与自然关系的结合体，既有自然属性，又有人文属性。

建筑文化是围绕建筑进行与逐步展开的有关人居而安的生产活动及生活内容和方式的总和。建筑及文化走过了漫长的历程，从发明到发展与成熟，囊括丰富的自然要素和人文条件，就前者而言，居住环境的选择、建筑材料的遴选及匹配，以及与自然环境及各种自然现象诸如风、雪、雨、雷电、霜冻等的适应性，构成了地域性的基本内核；就后者而言，人之所以需要建筑，是为了居住而求得劳动之后的休息、安逸，以及娱乐等活动，旨在恢复体力和精力，以便进行下一轮的生产劳动。因此，不论是指向生产的建筑，如厂房及他为劳动而建构的环境，还是满足各种生活的建筑，都是意在辅助人在生理和心理上达到良性发展。

在建筑文化中，铺首衔环是人与营造物进行面对面接触并进入该营造物内部的有机界面，也是人与该营造物分离时能够迅速达成阻隔目的的分离界面，在传统建筑内容中，它是一个重要的构件，承担着便于叩门、推门、开门及关门的功能；在门的整体形制结构中铺首衔环又是门板十分重要的有机的组成部分，铺首衔环既是门板的构成部分，又是整个建筑物装饰及文化语义凝集的重要组成部分。在建筑物与人文关系中，铺首衔环既是人们生产及劳动创造的一部分，又是建筑文化的一部分。在文化属性上，铺首衔环是以一定使用功能为基础的造型形象并彰显于外，在此，它以某种物质为媒介，以可视性形象为表现形式，因此，属于物质形态。但铺首衔环又是意识形态的文化，它在发展中逐渐融入有意义的文化内容，并最终成为一个内涵丰富、意味深长的人文范畴。

就实用性功能而言，铺首衔环是人与营造物接触与融入的有机界面，是营造物的具体配件之一。故此，铺首衔环的最初功能和形式，为一种把手，具有拉和推的功能。由于铺首衔环发展的脉络缺失，直到目前为止，很难详尽描述和阐释其完整的发展脉络及客观存在的时代文化面貌，仅能从零星的文献中寻觅到点滴——即便如此，我们也并不能否认它的客观历史性。就建筑而言，门是建筑重要的构成部分，而门板也是由于功能需要而自然形成，并成为建筑体系有机的重要组成部分。铺首衔环设置在门板的适合位置，是人与建筑物接触及进入与离开建筑物所必须接触的有效界面。这样，铺首衔环在人看来，必须具有特别的语言和功能性的形式，这种语言的暗示性包含在铺首衔环的造型形象之上，而功能性则是关系人能否顺利开合的人机需要。

总而言之，铺首衔环的文化内涵都不是单一的，这需要联系到门来做深入的思考。门在建筑中具有防范及守护作用，故此，设计门的功能的时候，需要强化门的防范和守护的语义。

1.3 基本造型和功能

铺首衔环的造型既是具体的，又是抽象的。前者指为铺首衔环功能实现而设计的满足性和适合性造型，而后者则指设计与制作铺首衔环的方式和方法，让它以一定具体的物质造型形态出现，主要表现为几何形及组合，包括自然界的动植物及吉祥寓意的几何化及抽象性，是某种特定物质具体的造型形态及形象，是具有可视性，尤其具有可把握性的客观存在。铺首衔环的基本功能是建筑物大门有机的组成部分，既承担着推、拉、开、合等移动门板的功能，又具有叩门，装饰门的功能性作用。

随着社会性文化的发展，铺首衔环逐渐融入多种文化因素，日趋向多样融汇的方向发展。它将造型语义、装饰图案语义，以及对美好生活的憧憬与材质及工艺性能、造型制作等内涵一起考虑在内，进而形成铺首衔环独特的文化范畴。在传统农业社会，农耕文化与铁器设计、生产制作及利用相结合，文化史上也称这个时代为铁器时代。不仅如此，这个时代也是手工艺制作与商品经济混合的时代，尤其后期，城市文化兴起，大量商品出现并参与社会性生产与城乡文化生活，于是，传统社会进入到商品经济时代。晋商流派和徽商流派的建筑文化正是这个商品经济繁荣时代的真正体现。

根据社会经济、政治及其他文化生活规律，在社会经济中占据主导地位的理应在政治意识形态中也占据主导地位，以彰显其社会性职业及对社会文化的话语权。然而，事实是在商品经济时代占据主导地位的商业文化阶层，并不能将其与众不同的社会地位提升上来，他们没有真正意义上的话语权。这便是当时商业文化阶层矛盾心理与尴尬处境的鲜明表现。例如，在徽派建筑的铺首基本造型与装饰造型中，主要采用如意形和中心发散并旋转型，不言而喻，建筑物主人虽然具有雄厚的经济实力，但受限于社会政治地位，与社会文化的最高话语权无缘，这种不平形成的尴尬处境及矛盾心理，也只能用如意模拟对未来寄予希望罢了，并祈望上好的风水早日轮到自己。总之，传统社会商业阶层的建筑虽然反映了他们雄厚的经济实力，但在造型形制、装饰形象及材质选取上明显地受到社会政治伦理的制约而不能彰显。

1.4 材质、工艺

铺首衔环的用料，包括铁、铜、石、木、陶瓷，甚至金、银和玉等贵重材质。铺首衔环制作的材质选取，具有极大的灵活性，但最终决定铺首衔环材质选取的基本依据是功能要求，也就是从易于推拉、开合各种建筑房门的目的出发来选取适合性和必要性的材料，在相应制作工艺中体现原材料的本质特征。一方面，铺首衔环采用的材质必须具备一定的物理机械性能及强度，能够持久耐用；另一方面，铺首衔环所采用的材料必须具有一定识别性能，它既要便于人们能够从材质上将它与门的其他构件区别开来看，又要唯铺首衔环所独有。总之，铺首衔环所采用的材料及其本质属性是建筑文化体系中既特殊又被普遍认同的。

随着社会文化的发展与错综复杂的文化分工的日趋细分，铺首衔环与社会、政治、经济逐渐缔结了紧密的关系，即铺首衔环所采用的材质及工艺从属于并反映了一定的社会文化阶层，它从根本上体现为文化阶层的社会地位、社会身份及尊卑，对于既有社会经济地位和政治地位的文化阶层而言，铺首衔环材质的选取几近奢靡。例如，皇家建筑中铺首衔环会选择铜质材料、鎏金，甚至纯金材料，而士族豪富家庭的建筑也会根据礼制来选择合适的材料及制作工艺。值得注意的是，明清时期出现的晋派建筑和徽派建筑，由于建筑主体是晋商和徽商，他们在传统社会中处于相对卑微的社会文化阶层，故此，依据传统社会政治伦理，尽管他们能够选择较为高档的材料来设计与制作铺首衔环，但绝对不能超越他们所处的社会地位。换言之，商人建筑采用木、铁等材料及相应工艺，来设计与制作门的铺首衔环，是天经地义的伦理需要。

综上所述，晋、徽商居的铺首衔环都具有丰富的装饰内容和表现形式，在成型的过程中，针对不同内容和形式的装饰，采用了各不相同的工艺技术，旨在给人以不同的视觉感受。

总之，在严格的社会伦理文化环境影响与制约下，建筑物铺首衔环的选材及相应的制作工艺，需要严格遵循社会政治伦理来展开。

1.5 文化内涵

在中国传统营造文化中，铺首衔环是人与某营造物充分接触所内置与有效融入的有机界面，也是营造物的有机构件之一，它既能独立地阐释自身所拥有的文化内涵，又能与建筑一并阐释中国传统文化丰富的语义及内涵。故此，铺首衔环具有双重的文化价值及内容涵盖。

就建筑语义而言，其最初的本意就是将人生产与生活的空间与自然隔开，以避免自然现象对人健康，乃至对生命的伤害，诸如昼夜现象对于人劳动和休息的影响，气候及天气变化对于人生活的影响，以及各种动物甚至猛兽侵袭给人所带来的不同程度的伤害。在建筑物实现其功能的时候，必须在必要时与自然界的这些现象与动物和猛兽的活动隔离，于是，门板乃至门便出现了。铺首衔环是门的有机组成部分，它所承担的功能决定着它的造型、装饰，而文化语义及深刻的内涵便隐匿在它的造型及装饰之中。

就建筑及门的防护功能而言，它既有基本的含义，更有衍生的文化语义。"帝颛顼高阳者，黄帝之孙而昌意之子也。静渊以有谋，疏通而知事；养材以任地，载时以象天，依鬼神以制仪，治气以教化，洁诚以祭祀。北至幽陵，南至于交阯，西至于流沙，东至于蟠木。动静之物，大小之神，日月所照，莫不砥属。"① 在商代青铜器上，出现了一种饕餮纹饰，这种纹饰多出现在青铜器的显眼部位。《吕氏春秋》记载："周鼎著饕餮，有首无身，食人未咽，害及己身，以言报更也。" 还有，在《左传》中也有记载："（饕餮）贪于饮食，冒于货贿，侵欲崇侈……不知纪极，不分孤寡，不恤穷匮，天下之民以比三凶。" 最初，有关饕餮的语义光怪陆离，具有神秘的色彩。随着文化认知与利用的不断发展，饕餮逐渐演变并成为守护以达到平安的语义，它或者具有辟邪驱鬼之意，或者具有通天地和通生死之意，或者具有祈祷吉祥之意，等等。故此，在文化渊源上，最早的铺首造型可以追溯到商代，商王朝的建立确立了以奴隶主贵族为统治阶级的奴隶制国家，因为需要完善的政治统治机构，奴隶制国家在强化政治统治的时候加强了防卫力量的组建，并且将属于政治统治的系统及防卫系统集中起来进行运作。于是，古代城市发生和发展迈出了重要的第一步。城市建筑就这样在被赋予多种文化功能中出现了。商代统治者十分迷信鬼神，对鬼神"敬而远之"，时常祭祀，久而久之，祭祀行为模式及印记便出现在建筑物之上，于是，门板上也自然出现了各式祭祀性造型形式。商周时期青铜器装饰的饕餮纹饰象征着安全、坚固和保险，象征着一种祈福平安和吉祥的生活愿望。门铺以威严的感觉诉诸视觉，具有除灾避难，驱鬼辟邪的功能。

在建筑文化的社会学分工及语义承担上，一般民用住房、宗族祠堂等成为普通的寻常百姓居家文化的重要内容与相应的表现形式，但是从一般建筑物中演绎、转化而来的宫殿、庙宇、社稷、陵寝等建筑便具有了更加宽泛的建筑文化语义，尤其后者，在建筑中更加拓展了铺首衔环所衍生的文化语义，它集中体现了专制主义经济政治文化的衍生，从神秘主义的"君权神授"到皇权独尊和皇家文化独步天下，甚至以永葆平安、吉祥如意的寓意及期望诉求天道。

而铺首衔环的文化语义，在普通民居文化中则是对于平安、幸福、福禄和

---

① （西汉）司马迁. 史记·五帝本纪[M]. 北京: 中华书局，1992: 9.

吉祥如意物质生活与精神文化生活的寄托和向往。总之，铺首衔环在中国传统建筑文化范畴中，是一个基于物质材料的媒介语义，并根据一定的实用功能和装饰意义进行设计与塑造，然后装配在门板的适合部位，最终起着多种文化功能的作用。

1.6 生命价值及可持续性

铺首衔环是中华民族营造文化的有机组成部分，从孕育、诞生、成长到成熟，具有一个漫长的发展和凝练过程。在此，铺首衔环的造型形式、内容及功能在不断地丰富，尤其语义的变化及转移等，但它总是一个完整过程的结体。在这个过程中，铺首衔环因时代变化及文化语义丰富化，其生命活力表现为一种综合的活态的文化价值。

铺首衔环，是设置在建筑物门板上的极其重要的装置，成为合理推移乃至实现门板成功开合的有机构件。对于建筑功能性的作用、价值、意义的可持续阐释，铺首衔环所执行的具体的功能，即是成功推移及开合门板。从建筑物门框、门板出现到其发展、成熟及逐渐完善的过程中，铺首衔环的基本作用、价值、意义，得到可延续性的利用，并在各方面得到逐步完善，这是一种历史的客观存在。

铺首衔环在再设计的过程中逐渐融入各种造型因素、材料的质感、装饰内容及对应的纹样组合与相应的具体的语义，不仅如此，门板所起的防护作用、门面语义、门楣意义等构成了门板的文化寓意。凡此种种，促进了铺首衔环在延续中富有多种活态的文化因素，诸如自然环境与人文关系的缔结，人对自然的感悟、认知及体验，人文情感的滋生与宣泄，生产与生活关系的完善及生活水平的不断提升，以及人们对于社会运行客观存在的疑惑，甚至是对多种社会现象叠加不解时的反思与由之产生的情感寄托，还有对于美满生活的憧憬和希望等等，融汇在铺首衔环这一基本的物质媒介之中，这便构成了铺首衔环的生命价值。诚然，铺首衔环生命价值的延续必然导致某些因素的流逝，相反，一些新文化因素也会出现并从另一个侧面来继续维系着铺首衔环生命价值的存在、发展及升华。总而言之，铺首衔环生命价值的可持续性是由综合的活态文化要素构成的，它们总是会在合适的环境中延续、发展，乃至衍生，在不适的环境中转换，乃至消失。

回顾传统建筑文化的历史进程及其在每个时代所凝聚而成的文化情结，不难看出，建筑是以一定的材料为物质媒介，以特定的生产及劳动技术为手段与实现途径，以特定的文化功能需要并从多种局部构建为建构缘由及内容凝聚，按照特定功能来进行组合的，进而全方位地体现、展示一个综合性文化成果，而铺首衔环就是其中一个承担着某种特殊功能及相应文化语义的有机构建的文化范畴。

第二章

岁月足迹

中华民族建筑及建筑文化，既源远流长又蔚为大观。然而，在历史长河中，大批量的建筑物因各种不同的原因消失在天地之间，诸如秦汉宫阙、南北朝石窟佛龛、隋唐园林、两宋楼阁等，随着社会历史进程纷纷为时代所淹没。"南朝四百八十寺，多少楼台烟雨中"①，虽然如此，沿着传统文化的历史足迹，还是能够寻觅到建筑的蛛丝马迹，甚至个别遗迹仍然熠熠生辉，确实能为当前、甚至为今后建筑设计及建筑文化的进一步发展提供颇多启示与重大文化参考价值。

正因如此，从对明清时期民俗建筑的调研中，我们获得了有关建筑及其文化的大量信息，尤其对建筑中有关门铺首衔环的梳理使人感触颇深。

中国小农社会发展到明清，社会文化发生着急速和巨大的变化，原本在社会中不被重视，甚至位列末尾的商业阶层逐渐萌生，甚至是出现了觉醒意识。可不幸的是，时代的局限性并没有将之放在彰显其文化身价与表现其社会意义的地位，而是依旧使其备受专制政治的傲慢和歧视，甚至遭到黑暗政治势力挤压。故此，从分析和研究铺首衔环的创造性发展中，可以破解主创者的矛盾心理和尴尬处境，这不能不说是梳理铺首衔环发展脉络与剖析其本质内涵的价值

---

① （唐）杜牧，《江南春绝句》，全诗曰："千里莺啼绿映红，水村山郭酒旗风。南朝四百八十寺，多少楼台烟雨中。"

和意义所在。

2.1 明清时期晋商民居门饰铺首衔环的调查

明清时期，社会生产力得到快速发展，社会各业及文化得到空前繁荣。在农业生产上，中国传统粮食种植及产量得到大幅度提升，从海外引种而来的水稻（占城稻）、马铃薯、棉花等得到进一步推广，以棉纺手工业为代表的各种手工业的迅速发展带动了商品经济的发展，商品经济繁荣极大地刺激着商业投资与商品贸易的发展，商业文化的兴起直接导致了商业文化阶层的扩大。商人阶层因经济实力的增长，社会地位在客观上逐渐得到了提升，这样，尽管商人不能改变自身在传统农耕社会从属农业阶层的社会地位，但他们在社会财富占有及使用中明显地超越了文化阶层时代的局限性，成为社会阶层中新型的文化力量。

晋派建筑，始于西周分封在山西的晋国。西周初年，"武王崩，成王立，唐有乱，周公诛灭唐。成王与叔虞戏，削桐叶为珪以与叔虞，曰：'以此封若。'史佚因请择日立叔虞。成王曰：'吾与之戏耳。'史佚曰：'天子无戏言。言则史书之，礼成之，歌乐之。'于是遂封叔虞于唐。唐在河、汾之东，方百里，故曰唐叔虞"[①]。到叔虞之子燮即位时，改唐为晋。"唐叔子燮，是为晋侯。"晋国是西周初期较大的诸侯国之一。春秋时期，晋国曾经参与了长期的诸侯争霸战争，并一度成为霸主。

从西周初期受封以来，晋国从一方诸侯开始逐渐变强而成为春秋"五霸"之一，综合实力达到上顶峰。直至战国早期，晋国被肢解为韩、魏、赵三国，但晋文化所在的地区仍然大量保持了历史文化因素及可持续发展的延续性。三

---

① （西汉）司马迁. 史记·五帝本纪[M]. 北京：中华书局，1992: 1351.

晋之地的建筑根脉，不得不说到晋祠。晋祠，最初源于叔虞对母亲的思念，叔虞为了祭祀母亲，建立祠堂，随后，历朝历代对这个以示孝道的"祠堂"进行增建、补建及修缮等，最终形成了晋祠。故此，晋派建筑也是最早融入儒家孝道文化的中国传统建筑流派之一。

中国建筑及其文化成熟于小农经济社会的家及家族文化，所谓"家"，《说文解字》曰"家，居也"，简言之，就是供人们居住的地方。封建伦理社会建立了以男权、即以父权为核心内容，以"仁"为伦理秩序的家及家文化体系。中国建筑便是这个"家"在可持续生活时空上的延伸及衍生。小农经济社会文化的发展及丰富，尤其商品经济文化的发展，促进了小农经济文化及生活的繁荣，这直接影响到中国乡村建筑及文化发展的格局。

图 2-1

宋代，中国社会发生着巨变，一方面，中国社会文化基本形成了"三教合流"的文化格局，即儒、释（佛教）、道三家相互融合并在社会文化生活中起着重要作用；另一方面，北宋时期商品经济获得长足发展，进一步促进了城乡文化融合，为乡村文化发展提供了更为有利的条件。因此，小农经济社会以农、工、商结合为物质生活基础，以"三教融合"为精神追求，成为传统社会文化生活的核心内容。反映这种文化生活的建筑也随之进行了相应的整合，北宋政府遂命李诫编纂了《营造法式》，以之为建筑的基本标准。

　　在全国范围内，乡村及其文化均在不同程度上与城市文化融合，从此，乡村生活由于多种文化注入及融合而形成了新范畴，新兴文化生活促进了建筑的发展，即新兴的建筑与丰富的乡村文化及需要相结合，建筑新式样及新文化内

图 2-2

涵成为北宋时期乡村建筑展开的主要内容。

　　中国传统建筑因传统文化不断发展及丰富，总是处于不断变化中，直到明清时期趋于成熟，并成为该时代的代表。在中国传统建筑中，晋派建筑成为极其典型的重要代表之一。从广义上讲，晋派建筑既包括建筑的历史文化范畴，又包括建筑的地域性文化范畴，它是发生在三晋大地的传统建筑及建筑文化总称。从建筑的社会阶层及阶级属性看，晋派建筑既包含官府的衙署建筑，又包括佛教、道教等宗教的寺庙、道观等，还包括广大的民居建筑，例如著名晋商乔家居家建筑及遗留至今的乔家大院，还有相同文化背景的樊家大院等，均属于民居建筑的典型代表。甚至最为广泛的建筑范畴，就是指散布在三晋大地上所有的传统建筑的统称，（如图 2-1、2-2）其中，明清时期晋商设计与营建的民居，代表了晋派建筑的主要内容、表现形式（民居建筑的结构形制）、营造理念及风格特征。

　　明清时期，在山西地区发展起来的民居，不仅代表了北方居民的有关民俗文化的建筑式样，而且还包含及反映了以晋商为代表的商人文化阶层以彰显其社会身份与拥有社会财富为目的的建筑文化内涵。有关晋派建筑，我们分别走访调查了晋中、晋南、晋东南及其他地区的典型民居遗址及遗存，在此，分述如下：

图 2-3

荫城

苏庄村

2.1.1 现存晋东南地区的明清村落铺首衔环调查

晋东南指晋城和长治一带,即古泽州府和古潞安府。明代,作为晋商中极为重要的一支——"潞泽帮"富可敌国,指代的是当时活跃于古泽州和古潞安府的晋商商帮。

有角

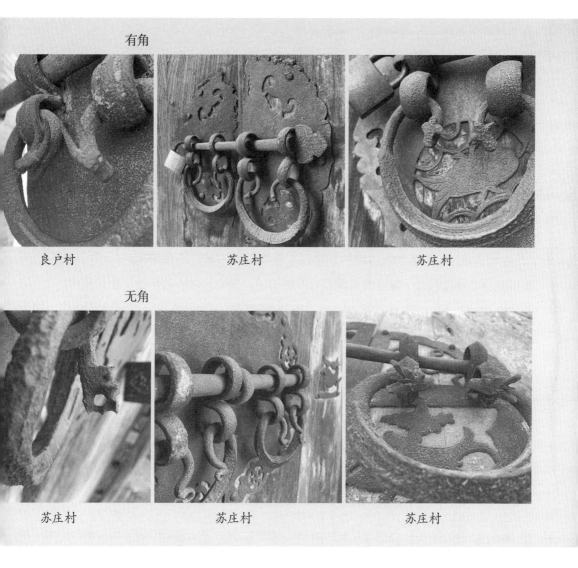

良户村　　　　　　苏庄村　　　　　　苏庄村

无角

苏庄村　　　　　　苏庄村　　　　　　苏庄村

长治，古称上党、潞州、潞安，是全国古代建筑遗存数量最多、分布最集中、体系最完整的地区。晋城，古称建兴、泽州，设府时称泽州府，现为山西省辖地级市，位于山西省东南部，晋豫两省接壤处，全境居于晋城盆地，总面积9490平方公里，自古为兵家必争之地，素有"河东屏翰、中原咽喉、三晋门户"①的美誉。历史上，晋城地区不仅农耕业发达，而且商业繁荣。沁水县有湘峪古村、柳氏民居、郭壁村、窦庄；阳城县有皇城相府、郭峪村、上庄村；高平县有良户村、河西苏庄村、伯方村等。

在对晋东南地区现存各种门饰铺首的村落遗址调研中，我曾去到高平的良户村、苏庄村、伯方村、沁水的柳氏民居、湘峪古村、阳城皇城相府、砥洎城、郭峪村、上庄、中庄、下庄、郭壁古镇，长治平顺豆口村、奥治村等村落。在这些村落中，铺首衔环的造型各不相同，例如，高平的良户村、苏庄村的龙环门饰（如图2-3）；高平伯方村门铺中的书法体门铺雕刻镂空寿、福或寿桃或漂亮的铁簪（如图2-4）；高平苏庄注重家风建设，其孝子图、门神、西游记等民居铺首足以体现。（如图2-5）。

（如图2-8）沁水的柳氏民居注重门的整体装饰，铺首体量稍大，与门钉、看叶共建整体性门饰；阳城的皇城相府、砥洎城、郭峪村多有万字纹、铜钱纹、兽首的应用；上庄、中庄、下庄村按建造年代排列，喜用石榴小配件铁片、郭壁古镇喜用鱼形小配件铁片（如图2-7）；长治平顺豆口村、奥治村在大山里，门铺以功能为主，外形不作讲究，装饰为简洁的线刻等等。

如图2-3，高平各村落收集到的铺首所衔之"环"诸为如意大形，每一只分别由门铺上的两个圈环稳稳悬挂，一对一对出现。细观如意顶端，不难发现很多只都是"龙"头，有的威严，有的调皮，有的歪脸吐舌，有的口含龙珠，有的凸眼张望、姿态万千。

---

① 摘自网络

寿字纹

万字纹，鹿同"禄"

图 2-4
伯方村书法
体镂空铺首

平安

图 2-5 高平苏庄村家风特色铺首衔环

承载着"龙环"的高平,其如意环之下的门"铺"形式也是丰富的,如(图2-4、2-5)所示,其内容不止于吉祥文字、植物纹样,还包括民间忠孝故事、古典小说等,这类铺首衔环造型设计严谨,工艺制作精湛,在晋东南村落中尤为常见。

晋东南民居门饰,垫片是其重要的组成部分,也是晋东南的区域性特色。垫片多半安装在门铺的右侧或两侧,可防止门闩在使用中频繁和激烈撞击门板,起到保护门板的作用,从这个角度而言,它与部分徽派民居门铺下端的门钉功能相近。随着对于功能要求普遍化展开,审美的需求也得以凸显。垫片的装饰多半围绕着人们追求平安、幸福、吉祥的愿望,也有少量将民间故事融入其中。在相对平面的铁片上装饰,如图2-6中,我们能看到对于相同表现题材的不同表达方式。

拿"长寿"主题为例,图中有16个方案,其中文字设计4个、图形寿桃设计12个(单只、双支、三只、多只等),有单只桃子剪影,有双只体现前后

图2-6 晋东南铺首衔环之垫片(1)

禄

层次关系，有桃子里面添加钱币表达"富贵长寿"，还有与石榴巧妙组合借喻"多子多寿"等。拿"禄"为例，既有"禄"字的圆形字体设计形式，也有用以谐音"鹿"为创作主体设计，图2-6中，动物"鹿"的方案就有8套。晋东南铺首众多，纳入该图的仅为冰山一角，有待得到更为广泛的关注。

寿

图2-6　晋东南铺首衔环之垫片（2）

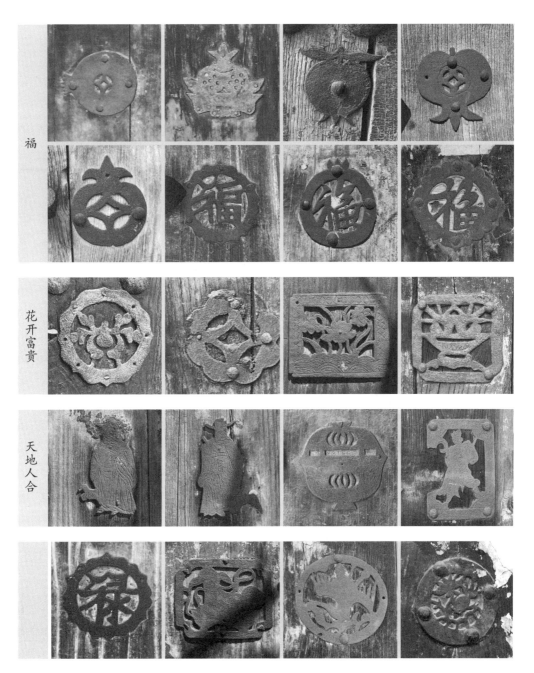

图 2-6　晋东南铺首衔环之垫片（3）

图 2-7 郭壁古镇喜用鱼形垫片

在沁水民居中，最为典型的有两处建筑群，一是西文兴村，二是皇城相府。

西文兴意为：自西而来，以文兴为业，百世书香门第，千年兴旺氏族。西文兴村是柳宗元遗族建造的同祖血缘世代聚居的古村落，它集南北建筑风格与明清建筑艺术精华于一体，展现了明清之间柳氏一族"官——商——官"的发展动态。柳家沉寂五百年后，于明代复兴，子孙们通过"学而优则仕"重新步入官场。明末遭遇兵乱，到乾隆时再次兴旺，柳春芳、柳茂中父子在盐业和典当业中大获收益，花重金重修祠堂、文庙等建筑，建造了"中宪弟"宅院，西文兴村进入兴盛期。浮浮沉沉，该村现在仍然居住220口人，几乎为柳姓一族，他们世代遵守祖训，长幼有序，家规不乱，勿宣门庭，世代传承。柳氏民居是时任陕西华昌府通判柳遇春修建的故居。它始筑建于明嘉靖二十九年（550），清代屡有修葺和增建。

柳氏民居砖雕、石雕、木雕都出类拔萃，铁艺亦是如此。（如图 2-8）

柳氏民居对于门的装饰是整体规划的：铺首仅是其中的一个部分，它与大大小小、整整齐齐的门钉、看叶一起构成门板上装饰，又与石狮、门簪及家训构成门饰整体。在柳氏民居众多的建筑装饰中，"堂构筱昭"院内出现鱼化龙图案，铺首上悬挂着的"龙环"也出现在柳氏民居个别院落大门之上。体现出柳氏族人期盼鱼跃为龙，祈求金榜题名，高升昌盛之意。

图 2-8　柳氏民居注重门的整体设计

皇城相府，又称午亭山村，位于山西省晋城市阳城县北留镇，建筑总面积达到3.6万平方米，是清文渊阁大学士兼吏部尚书、《康熙字典》总裁官、康熙皇帝35年经筵讲师陈廷敬的故居，由内城、外城、紫芸阡等部分组成，是一处罕见的明清两代城堡式官宦建筑住宅群，因陈廷敬是当朝宰相，其居地实为"相府"，相传康熙曾先后两次来访居住于此，故为"皇城"。此地门厅高大，门钉密布，铺首中兽首居多，一派皇家建筑装饰模样。

地处皇城相府对面的郭峪村，历史悠久，规模宏大，形制完备，大多为明清时期建筑，现存传统院落基本保持原状，明末清初大富商王重新故居于此，郭峪村一定程度上反映晋商民居的建筑及装饰特征。在对该村的调研中，我印象极为深刻的是各种鱼形的铁制垫片，同郭壁古镇（如图2-9）。

润城一度是沁河流域的商贸重地，这里不乏官宅大院，也有不少民居院落，其细节之处精巧细致，还些许融合了某些江南民居的风采，这与润城多走南闯北的经商之人密不可分，也正是这些勇闯天涯的商贾，荣归故里建造宅院之时

图2-9　郭峪村民居铺首的"鱼"垫片

图 2-10

将南北风格巧妙结合，将他们丰富的眼界、较高水准的文化和艺术追求体现其中。作为官民混居的古建筑群，上庄村以天官府为核心，集元、明、清、民国各历史阶段建筑于一体，被誉为建筑史上的活化石。如图 2-10，一方面在木板上安装大大的整齐排列的门钉，一方面又配合南方"铗"式对称铺首，"铗"身比例远大于南方民居铺首，但"环"却远细于南方。在诸多的方面体现出南北方的交融。这一类型的铺首门饰，在阳城、润城一带多有发现。

长治荫城的铺首也很典型，那里遗存很多商铺，是晋商中潞泽商帮经商的地方，经营这些店铺者，既是乡村中的地主和豪绅，拥有大量的土地、房产，又是主导城市商品贸易的资本投资者。

2.1.2 现存晋中地区的明清村落铺首衔环调查

晋中地区位于山西中部汾河平原，属于汾河流域的中游，自古以来农耕业发达。传统农业时代，晋中地区是山西境内小农经济发达的中心。在小农经济快速发展的明清之际，这里又成为晋商的崛起之地，晋中地区人口稠密、传统农业和手工业发达，是古代山西文化繁荣之地，也是晋派建筑分布的典型地区。

从太古的曹家大院"三多堂"、常家庄园到祁县渠家大院、乔家大院，再到灵石的王家大院，这些民居建筑形如一只钩镰摆放于晋中。他们的户主以经商闻名，这些家院是明清以来晋中乡村家院的杰构。

纵观晋中地区现存民居的铺首衔环，它们既与江南类似，但又具备一定的北方建筑语汇。如：乔家大院内的门铺以花瓶作为主要造型，王家大院中铺首多层植物装饰，注重门钉的有序排列及与铺首相互烘托的关系，汾城的兽首铺首的形象化造型等等，这些都体现了晋中传统建筑铺首衔环的文化内容及特色。

乔家大院地处山西省中部祁县乔家堡村，属于美丽富饶的晋中盆地。大院始建于1756年，整个院落呈"喜"字形，由6个分院组成，每个分院均由更小的几个院落组成，这样的小型院落共计20个，共有房间313间，建筑面积总计4175平方米。整个院落呈三面临街的状态，四周筑有10余米高的青砖围墙，进入院落的大门根据城门形制设计与建构，属于城门洞形制。这座院落是北方地区现存较为完整的汉族传统民居建筑。全部院落不仅记录了中华民族民居建筑文化发展的光辉片段，而且叙述并记录了山西某乔氏家族一百余年的发展，是该乔氏家族人文繁衍的见证。

如图2-11，这些现存乔家大院各门上的铺首衔环，几乎以左右门扇对称的方式全部采用花瓶作为"铺"，强烈体现出乔家人对平安生活的愿望。虽然都是花瓶为铺，且都为浮雕表现，但瓶形，表现技法上则各不相同。

这类以花瓶作为门铺的造型，在祁县渠家大院等地也有其他类似形态的出现。

图 2-11　乔家大院铺首

　　王家大院是国内现存的晋派建筑典型遗存之一。它位于山西省灵石县东 12 公里外的静升镇，在明清数百年中，该村某王姓家族子嗣繁衍，人丁兴旺，农商并举，生财有道。正因为王氏家族产业发达和人丁兴旺，所以留下了可贵的建筑文化遗产。

　　从王家大院现有的建筑规模及形态看，王家大院是王氏历代家人在三百余年中渐次设计与不断建筑完成的，是一个家族居住群落。从规模上看，整个建筑包括五巷六堡一条街，建筑面积达 25 万平方米。现已对外开放的高家崖、红门堡、崇宁堡三大建筑群均为全封闭城堡式建筑群，共有大小院落 231 座，2078 间房屋，建筑面积达 8 万余平方米。

图 2-12 王家大院铺首

王家大院为前堂后寝式功能性布局，意在为家庭及家族不同身份和地位的每个人提供所需要的生活居住及休闲等居家生活的条件，这是按照封建家庭及社会伦理制度建立的民间建筑。王家大院布局严谨紧凑，配套完整，院内套院、门内置门，呈环环紧扣的格局，它层楼叠翠，错落有致，整个院落功能齐全，具有很强的实用性。另外，其别具匠心与错落有致的设计以及做工精湛的营造等，均在中国建筑史上具有突出的艺术审美性。

如图 2-12，如其院落整体布局一样，王家大院的民居铺首同样分饰于左右两门对称出现。单体中间一突出半球体，非常接近徽派铺首的形制，多层叠加，在最底层的铺上，整齐排列多颗门钉。

2.1.3 现存晋南地区的明清代表村落铺首衔环调查

在地理意义上，长治、临汾、晋城、运城四市同处山西省南部，晋南本应包含晋东南和晋西南，狭义上的晋南即指山西民间所说的晋西南——"山西省晋南专区"，也就是山西省的临汾市、运城市和吕梁市的石楼县、交口县。在本篇中，晋南地区主要指代晋西南的临汾。

临汾位于山西省西南部，东邻太岳，并与长治、晋城为邻；西濒黄河，与陕西的渭南隔河相望；北边由韩信岭与晋中和吕梁地区毗邻。临汾地区现存晋派民俗建筑重要的遗址，是襄汾县丁村晋派建筑。

丁村，是 1953 年在华北地区发现的一个含有古人类化石并属于旧石器时代的文化遗址。丁村遗址，是位于山西省临汾市襄汾县城 4 千米的传统村落，处于汾河河畔，它北边与史村接壤，南至柴村，布局呈长约 11 千米的狭长带状。丁村由于位处汾河河畔，因而农耕业发达，交通运输便利，这便是丁村商旅发达的重要条件。丁村的文化源头古老而新奇：它源自旧石器时代，留下了人类古文明的足迹；在传统农耕业时代，它属于三晋大地发达的农业区，并在商品经济时代脱颖而出，成为时代文化的典范。在传统文化孕育和发展的过程中，丁村民俗民居古朴而又日新月异。该村丁姓于明中期崛起，成为晋南"太平商帮"的重要分支。明清时期，由于商业繁荣，民俗文化丰富多彩，富裕的村民将居住文化推进到反映时代潮流的新阶段。

丁村民居建于万历二十年（1592）至清咸丰三年（1853），是共由三十三座院落组成的居民建筑群，该建筑群的每个院落均为坐北向南的四合院形制。在明清北方民居中，丁村民居为现存最大、布局最完整的建筑之一，该民居建筑群历时 260 年渐次完成，大体分为北院、中院和南院三个主要院落，北院为明代时所建，中院的营造主要发生在清雍正、乾隆两朝，南院多完成于清道光、咸丰年间；另外，清乾隆、嘉庆时期在北院西部又补建部分院落，也称为西北院。整个建筑群以明代所建的观音堂为中心，以丁字形街道为经纬，分布在南、中、北三个方位。观音堂前面原为丁字形广场，在其沟通东、西、北三个

图 2-13　丁村"钉宝剑"

方位的路口分别筑建着一个石牌坊，东牌坊曰"慈航普度"，西牌坊曰"汾水带萦"，北牌坊曰"古今晋杰"。观音堂后的天池与"观音楼"交相辉映，相映成趣，增添了村落的观感效应。

丁村的门饰同晋东南柳氏民居有相近之处，都比较重视门的整体设计，看叶和门钉与铺首衔环共建了门饰，不同之处为：整体门饰中，由看叶和门钉组织一只只"钉宝剑"倒插于门上，铺首衔环反而退居其次了（如图 2-13）。

2.1.4 其他民居村落铺首衔环分布状况

除上述民居之外，在山西境内还分布着许多传统民居村落及民居建筑，笔者田野调查也去到过晋北等地，总体印象其铺首不如晋东南、晋南、晋中等地典型，要么因保存不善少见，要么式样简单，装饰甚少，故不作展开。

山西境内之所以散布了如此众多的传统村落，这与其久远的历史文化渊源有着密不可分的关系。三晋大地是中国传统文化的发祥地之一，尤其是儒家和道教文化的摇篮之一。早在西周初年便是唐叔虞的封国，世袭罔替数百年，直到春秋末期三家分晋，分为

韩赵魏三个诸侯国。在此后漫长的历史时期中，三晋大地上也不断演绎着波澜壮阔的故事，例如，北魏立国建业在平城（今山西大同），而大唐帝国的龙兴之地，就在晋阳（今山西太原）。因此，山西人杰地灵，物华天宝，人文历史源远流长。

2.2 明清时期徽商民居门饰铺首衔环的调查

安徽地跨中原与江南，以淮河为界分南北，故称淮南、淮北，安徽简称皖，又称皖南皖北。但古代安徽地区，在不同时期分属于不同的政权机构所管辖，区划相当复杂。也正因为如此，徽派建筑分布复杂，既有集中特点，又呈现分散状态。

隋唐时期，安徽部分地区属于淮南道，而另一部分地区属于江南道。唐代，州作为一级正式的仅次于道的行政区，所辖面积是比较大的，其下还设置郡；宋代将道改为路，州继续沿用。故此，就唐宋以来的行政区划而言，徽州属于宋代的州名，根据《宋史·地理志》记载："徽州，上，新安郡，军事。宣和三年，改歙州为徽州。崇宁户一十万八千三百一十六，口一十六万七千八百九十六。贡白苎、纸。县六：歙，望。休宁，望。祁门，望。婺源，望。绩溪，望。黟，紧。"元代行政区划及制度发生了很大变化，地方行政机构以省为最大单位进行划分，元代

江西篁岭

江西沱川

江西瑶里

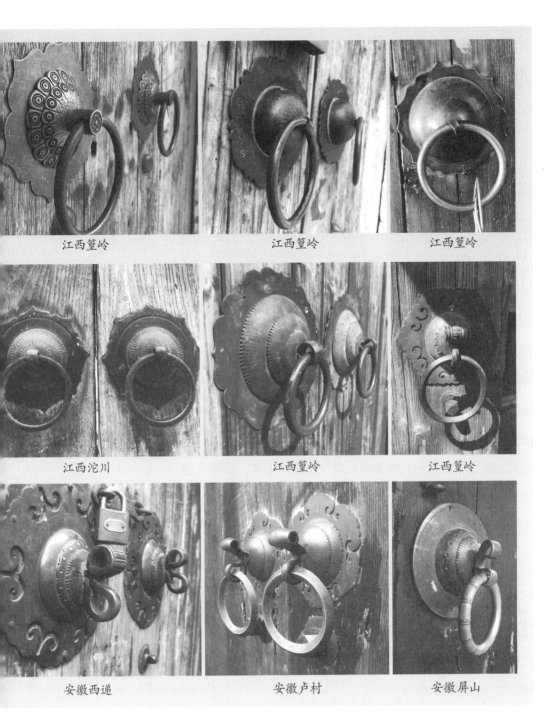

江西篁岭 江西篁岭 江西篁岭

江西沱川 江西篁岭 江西篁岭

安徽西递 安徽卢村 安徽屏山

图 2-14 徽派建筑中的青铜质地铺首衔环

徽州隶徽州路，属于浙江行省。明朝基本沿用了元代的行省行政区划，"太祖丁酉年七月曰新安府，吴元年曰徽州府。领县六。"① 徽州府所领六县分别为歙县、休宁县、婺源县、祁门县、黟县、绩溪县。就徽派民居建筑分布状况看来，显然，明朝的徽州府所辖地域是缩小了。

正因如此，如果按照明清时期所划定的行政区，很难全方位阐释徽派建筑，从建筑发展的视角看，徽派建筑理应基于宋代建筑基本规范② 及构建理念而展开。

明清时期，在宋代基础上继续发展，徽派建筑在诸多方面逐渐成熟起来，并成为明清时期中国传统建筑的主要流派，它色彩鲜明的白墙黑瓦，成就了徽派建筑的主色调。其次，徽派建筑以独特的山墙见长。为了有典型性和代表性地阐述徽派建筑，我们调查走访了安徽的西递、宏村、屏山、南屏、雕花楼；江西的婺源、瑶里等民居村落。

与全国大部分区域类似，徽派建筑的铺首衔环中心大多以突出半球体为基础造型，结合各类金属工艺的装饰手法，左右对称地分别安装于两扇门上。门铺呈圆形或方形，材质铁材居多，青铜亦有。如图 2-14，笔者考察现存徽商居所时，发现不少青铜质地的铺首衔环，层次丰富，制作精美。下文将以江西上饶市和安徽黄山市的现存民居门铺来管窥徽商民居门饰里铺首衔环的特征。

2.2.1 现存江西上饶市明清村落铺首衔环调查

在江西上饶地区，现存不少属于徽派建筑的乡村村落，江西婺源的晓镛村、篁岭、卢坑、沱川、思口、虹关村、岭角村、段村、吴村、察关村、江湾、李坑、汪口，以及江西瑶里的调研提供给我们一些数据。

---

① （清）张廷玉. 明史地理志[M]. 北京: 中华书局, 1992: 625.
② （宋）李诫，《营造法式》

图 2-15

图 2-16

明清时期的徽州建筑也包括今江西上饶部分地区的民间建筑,如图2-15,婺源徽派建筑和浮梁县境内的徽派建筑,它们不仅散布在乡下的自然村落中,也集中在婺源、浮梁县城中。浮梁县境内也遗留着不少明清时期的徽派建筑,尤其瑶里村的建筑分布在瑶里河的两岸,在居住功能上反映着农业为本的小农经济特色;分布在县城的,则有不少是商铺或手工作坊,也可以说是"亦农亦商""亦工亦商"。如2-16,理坑村沿着山溪所建,亦官亦商。

徽派建筑在江西浮梁县及景德镇周边的布局,既构成了农业经济和手工艺制作相结合的自然经济及文化发展环境,又营造了城市手工业与商业结合的经济文化环境,前者如浮梁县的瑶里等乡村、婺源县的乡村,后者如婺源县城、景德镇民窑和官窑生产作坊、经营瓷器等手工艺品的商铺,其中,位于景德镇东郊(现景德镇雕塑瓷厂内)的明清园,便是明清时期典型的徽派建筑之一。

清朝道光年间的《婺源县志·山

川》："此地古名篁里。篁岭，县东九十里，高百仞。其地多篁竹，大者径尺，故名篁岭。"现归属于江西上饶婺源县的篁岭，从前它也是古徽州"一府六县"内的一分子，村落建于一座海拔不到500米的山坡上，山村依山势而建，从山顶向山腰间蔓延。全村一百多栋古民居，黛瓦白墙，飞檐拱门，全部被村子周边山体上的树木所掩盖。

据悉，过去的几百年里，篁岭古村的女儿出嫁时都会在嫁妆上贴上一枚书写着"山东祖樵国郡上蔡世家五桂堂"十余字的封条，挑到夫家，为的是要记住村上的祖先，来自北方。如图2-17，婺源晓镛村、篁岭村现存的铺首衔环上，突出有大大小小、或疏或密的门钉，但并不是单体"门钉"钉上的，而是在"铺"上敲打出来的一个个突出的形体，与铺仍为一体。篁岭和晓镛村的铺首凸显一种混血的、南北交融的意趣，传说这两村落也是同宗，该地门钉的渊源或许与北方的先祖南迁有着些许关联。

俗话说"天圆地方"，如图2-18，徽派建筑的铺首衔环里，最具特点的就是一只只单体为长方形的门铺了。在现在江西婺源的

晓镛村

篁岭

图2-17　江西婺源晓镛村、篁岭铺首衔环

婺源察关村　　　　　　　　婺源沱川村　　　　　　　　婺源察关村

婺源虹关村　　　　　　　　婺源沱川村　　　　　　　　婺源沱川村

图 2-18　江西婺源方形铺首

沱川、察关、虹关等村落，都有不同数量方形门铺的存在，仔细观察，其上的装饰初看近似，实则只只不同。

与晋派建筑铺首的表现手法明显不同，虽然同为金属工艺，晋派基本使用刻阴线、镂空等方法，"铺"为平面，徽派则更加强调形体的微妙变化，强调层次感，强调细节的审美。如图2-19，徽派建筑装饰中祥云纹运用极为广泛，结合徽派建筑铺首圆形或方形"钹"铺，祥云分别以放射式、旋转放射式、散点式装饰其上。最值得被关注的，是每一片上"云"的表达：最为简洁的是用凸起的线条刻画云纹，云的形态、动感与线条的柔韧、粗细、组合关系密切关联；也有一部分试图表达单片云的扭曲、翻滚，以及云纹之间的前后关系，则采用浅浮雕的手法，在金属表面打造其丰富的穿插逻辑。在相对平面的空间营造立体关系，而且是在金属的表面，徽派建筑却完成得令人叹服，这些祥云主题门铺的打造，再现了当年铁匠的智慧和手工艺的辉煌。

图2-19　江西婺源民居铺首"祥云"的演绎（1）

图 2-19　江西婺源民居铺首"祥云"的演绎（2）

图 2-19　江西婺源民居铺首"祥云"的演绎（3）

图 2-19　江西婺源民居铺首"祥云"的演绎（4）

2.2.2 现存安徽黄山市的明清村落铺首衔环调查

现存安徽省境内的徽派建筑，著名的有西递、宏村、屏山、南屏、雕花楼等，宏村（如图 2-20）位于安徽省黟县，始建于公元 1131 年，为汪姓一支生息、繁衍及发展之地，随后又历经元、明、清三朝，筑造了属于明清时期典型的徽派民居建筑，成为徽派建筑成熟时期的典型代表之一。从肇始到现在，跨越了较为悠长的文化隧道，已有 890 余年的历史。宏村徽派建筑遗留至今天的共有 317 幢建筑，它集中体现着徽派民居精湛的建筑工艺技术，成为徽派建筑的典型代表。

虽然对于中国传统建筑的遗存进行了一些调查，但仍然感觉行之不广，见之不周，知之不详，解之不透，因为中国古代建筑历时五千年之久，随着时代变迁，建筑的时代文化内容、形式及内涵，如浩瀚的海洋，即便一个时代的建筑，也具有继承性和发展性，既具有时代性、普遍性，又具有独特性。因此，这种个案调查，仅仅能从一个点上进行思考并逐步展开研究。

明清以来，中国社会小农经济获得了快速发展，与此同时，商业资本不仅占据了商业领域的投资，而且逐渐占据了手工业生产与农业为城市人口提

图 2-20

供商品粮生产的投资及经营。另外，中国社会出现了庞大的家庭组织，这种家庭组织常常以家长制度建立了生产、生活消费及人丁繁衍的系统。为了维系这样的家庭存在与发展，他们在乡村建立了家族人口居住区，即乡村村落，而在城市则设置了经营的各种商业店铺。

徽派建筑以具备美感的外观整体性和精美的细部装饰著称。众所周知，徽派的"三雕"总是能从色泽、纹理、形态等方面非常巧妙地与建筑内外构建相结合，既为建筑增色，又凸显自身。在铺首衔环上亦是如此。如图 2-21，如同乐器"钹"的基础形体历经各种设计制作后，物种繁复，各不同形，形不同神，在变身为门饰的过程中，它汇集了不光铁匠的智慧，同时也是一定时代下多种类人群的共性认知。

具体到各村落，本调查也分别凸显出村落的地缘特征：如有的村落铺首全铁材制作，以镂空方式为主，有的村落门铺喜欢用各种云纹组合，有的村落门铺喜欢多层垒叠，有的村落注重青铜精致小件与铁制底层门铺的组合，还有的村落在环的形态上做各种探索，总而言之，这些铺首衔环，当时在设计和运用上均是费过心思的。

图 2-21　徽派建筑铺首衔环（1）

图 2-21　徽派建筑铺首衔环（2）

图 2-22　黄山市现存民居铺首的多层结构

　　如图 2-22，现存于安徽黄山市的民居铺首，层次表达优于其他地区，多在
"铍"形基础底上层层镶加以带角度或大小不等的圆环：有的有意与铍的半球
体方向相背，有的则相顺，有加一层、两层、三层等，也有的添加件采用青铜
材质与基础的铁制"铍"底座形成对比。多层添加之时，注重单层宽窄和角度
的变化，放射状转折面在户外的光照下更显丰富。

徽派民居铺首的"环",除婺源部分的方环以外,大多以圆环出现。仔细推敲,则不难发现,这些圆环也是大同小异。如图 2-23,这些来自徽派的"环",在截面为圆形或方形的平躺向上的面上,打造各种纹饰,丰富其视觉效果。

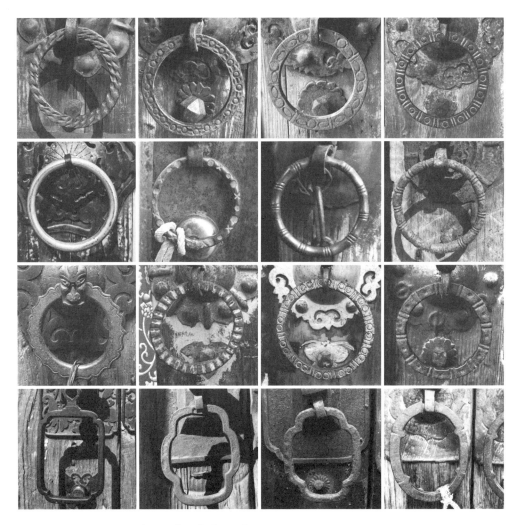

图 2-23　徽派民居铺首衔环中的各类"环"

图 2-24　徽派民居铺首中的各类"首"

总体而言，门面上的铺首衔环，主要由"铺""首""环"，三个部件组合而生，"首"承担着"衔"的功能，是"铺"与"环"之间的连接件。如图2-24所示，徽派建筑的铺首之"首"，形式多样，有单圈、双圈或单圈配兽首、铜鼓、蝴蝶、多面体、如意令等，"首"可以是平面造型的铁片，也可以是雕琢精细的立体造型，配合上"铺"与"环"的多样变化，造就了徽派铺首的地域性特征。

综上所述：鉴于同属于明清时期活跃于华夏土地上的两大商帮，他们在民居铺首上的突出特征，直接映射出徽商、晋商的商业思维、家族观念，值得一探。（如表一）

表一　徽商、晋商民居门饰对照图

区域	徽商民居门饰		晋商民居门饰	
	黄山市	上饶市	晋中	晋南、晋东南
	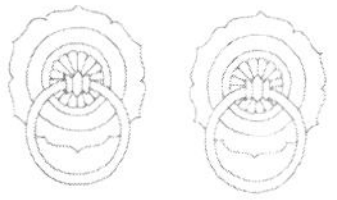	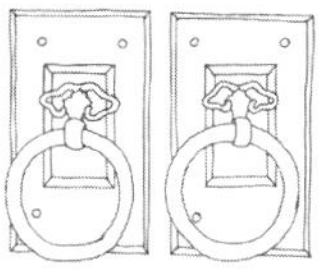	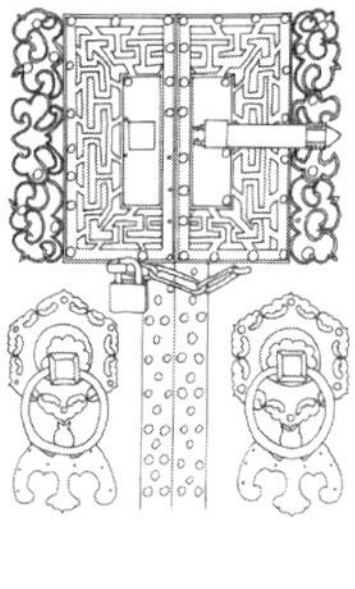	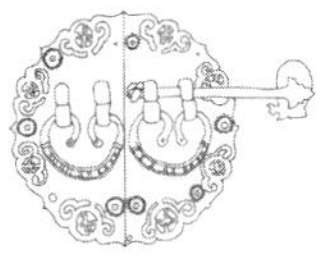
	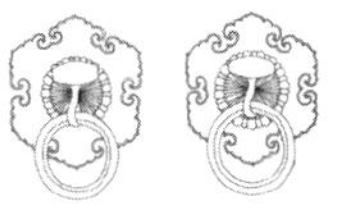	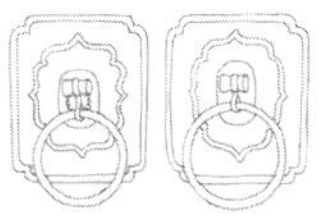		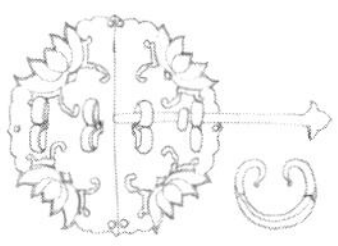
形式	对生铺首衔环 单个完整 独立分饰两户	对生铺首衔环 单个完整独立 分饰两户	对生铺首衔环 门花丰富 门钉排列讲究 多现钉宝剑	偶见门花 门钉有形式多样

铺：	圆形基本形，多层，立体	圆形、方形基本形均有，多层，立体	圆形、方形均有单层平面	两户合二为一成为圆形，单层，平面
材质	铁、青铜	铁、青铜	铁	铁
环	圆形	圆形、长方形	如意形、圆形	如意形，偶有年代标识
垫片	偶有，在环下方	偶有，在环下方	有，在环下方	有，在环下方

2.3 其他类别、区域现存民居门饰铺首衔环调查

纵观国内现存的建筑门饰，深挖都能发现其建筑性质及地域性特征。

如宫殿建筑，故宫当属代表，是帝王居住办公的场所。依照律法，宫殿门饰的讲究，如图（2-25），北京紫禁城除了东华门，都是横九颗，竖九排，每门九九八十一颗门钉意喻祥瑞圆满。

图 2-25　北京故宫门饰

图 2-26　宫廷铺首

各类故宫铺首，均以兽首作为主体。宫廷门饰里的"环"基本不具备实用功能，"环"大且装饰丰富，"环"的上端穿牙而过，下端贴合门面，金碧辉煌，红底金铺，威严不容侵犯，极具仪式感.（如图 2-26）

宗教寺庙装饰铺首早在汉代就已开始，用以驱妖辟邪。（如图 2-27）作为宗教圣地的西藏，其藏族寺院的铺首则以大体量，繁装饰将威严气象带上大门。

天圆地方，同为藏族寺院，现甘肃夏河的民居铺首，均是白铜打造的方形门"铺"，非常特色化的金属钎打工艺，突出了藏族的民族手工艺特色。（如图 2-28）。民居建筑的铺首跟宫廷建筑和宗教建筑不同，形式上也存在明显差异。

粤商、晋商、徽商是中国历史的三大商帮，而粤商中比较出名的是潮汕商帮。广东潮汕非常注重民俗，当地人在长期的生产实践和社会生活中重视仪式感，并将此逐渐形成稳定的事项，造就潮州人独特的精神传统和人文性格。如跟结婚相关的，就有喜蜜、喜饼、喜茶、喜糖、喜酒等五大项，潮州还专门设有喜节。如图 2-29，在潮州的民居铺首中，连接"铺"与"环"的"首"多制作成一个立方体，立方体正面印章一样雕刻出一"喜"字。

图 2-27　西藏的宗教门饰铺首

图 2-28 甘肃夏河的民居铺首

图 2-29 广东潮州古民居铺首

　　福建广东两省，在地理位置相邻，历史交往密切，尤其是闽南与潮汕地区，地理、文化、饮食等方面都十分相近，族系上也是同宗同源。（如图 2-30）福建人看重风水，客家土楼的建造还得益于"八卦图"，故在福建民居铺首的调研中，其资料特征与潮州十分相近，不同之处为，少量用"八卦"为底"铺"装饰。

图 2-30　福建民居铺首衔环

　　陕西民居铺首形式上跟山西东南部的铺首形式相近，以平面"铺"为基础，以门缝为对称分割线，门闭则合二为一，形成整体呈现的或圆或方图形。

　　图 2-31 上图来自陕西韩城党家村，此地与山西沁水相邻，同款铺首山西上庄村也曾出现，不同之处为党家村的平面铺上镂空了一些如意形，非镂空处也用雕琢了纹样。图 2-30 下图来自西安蓝田县柳坪村，最有特点的是将由铁片制作的两朵盛开的立体花装饰于平面"铺"之上。8 个圈排列上下两排，上排插门插，下排挂门环。中间两个悬挂圆形门环，环的下方安装有两个突出的乳钉，想来是为了叩门有声，在最左边悬挂了一只美丽的花瓶，寓意平平静静，花开富贵。

　　个人力量有限，仍有很多地方没有调研到，希望手里的资料已能将明清时期的晋商、徽商商居建筑的铺首特征进行一个相对宏观的呈现。

图 2-31 陕西民居铺首
（上图来自陕西韩城党家村,下图来自西安蓝田县柳坪村）

第三章

文化与形式：区域历史文化视野下的形式对照

文化，实质上就是人类生产和生活的内容和形式与人类对自然和自身认知所形成的认识论和价值观等意识形态的总和。不论社会生产形态和生活形态，还是认识论、方法论和价值观，它们的具体内容与表现形式都会随着社会生产的发展而发生根本改变。另一方面，文化在空间上的分布及发展也因地域性不同而出现差异性，例如，同属于明清建筑流派，晋派建筑与徽派建筑就存在着鲜明的地域性差别。总之，由于成因不同，文化在内容和形式及内涵上存在着鲜明的差异。

　　建筑，最为基本的功能性目的，就是解决人们进行各种活动的空间问题，针对各种活动筑造不同形式的空间，而居住性建筑就是围绕居住、生活、休闲等功能所设计与筑建的有关人的活动空间。中国建筑在数千年的发展过程中，不仅随着时间推移打上了地域性和时代性的烙印，而且也由于一般性因素的趋同与特殊性因素的差异打上了建筑艺术及各自特征的烙印。因此，各种文化因素促进了建筑的生发，并决定着建筑流派及风格的不断演变。

　　铺首衔环，是中国传统建筑中颇具材质、工艺、造型特征、表现力、实用性功能、匹配性、文化内涵，以及审美等文化精髓的建筑构件之一。就造型形式而言，各地建筑的铺首衔环形式感强，给人带来的体验及审美感受，也很强烈。

3.1 作为背景：晋、徽两地商帮历史文化研究的梳理

随着社会生产与人们文化生活的发展与演变，以地域性和人文特性为根本依据及背景依托的建筑学理论体系逐渐形成，地理地势及气候成为决定了建筑基本内容和表现形式的基本要素，而人文因素的注入使得建筑更具有复杂内容与相应的表现形式，以及与形式匹配的功能与丰富的文化内涵。建筑是人们进行社会生产与展开文化生活、并反映人文时空内涵的缩影。

中国传统建筑中的晋派建筑和徽派建筑，代表着中国传统建筑的重要内容，它们以建筑为核心，对自然环境要素与合乎人文需要的因素进行有效的汲取、接纳和融入，经过数千年的逐步发展，至明清时期进入成熟期，在建筑水平和文化内涵等诸多方面均达到最高峰。

战国时期成书的《考工记》是一部记述西周以来社会文化分工状况及工艺制作的专著，就人口的社会职业、文化分工与工匠在社会中所从事的职业及工匠的地位等作了重要说明，它指出："国有六职，百工与居一焉。或坐而论道；或作而行之；或审曲面执，以饬五材，以辨民器；或通四方之珍异以资之；或饬力以长地财；或治桑麻以成之。"西周以来，社会文化进一步规范，社会生产与人们的生活秩序得到进一步规划。商人及商业文化阶层，他们承担的社会职责，就是"通四方之珍异以资之"。尽管商人承担着社会文化运作的重要职责，但他们所处的阶层、阶级却被编排在底层。这为日后商人阶层从事社会文化活动中产生矛盾心理埋下了伏笔。

3.1.1 徽商文化研究的梳理

徽商，专指生活在徽州从事商业文化活动的社会阶层，他们依靠各种商务活动来营生。历史上，徽州处于淮河流域和长江下游，地理地势以平原为主，并处于东亚亚热带季风区，气候湿润多雨，在发展传统农耕业上有着得天独厚

的优势，自古徽州便是农耕业发达地区。西周以来，吴国、楚国、魏国等诸侯国文化都曾经影响到该地区，因此，徽州地区成为各业繁荣与文化交错之地。

秦汉之际，徽州地区有着更复杂的文化交织，汉朝建立后进行诸侯分封，从淮阴王到淮南王，留下了地方割据文化与汉家大一统文化的交织。汉武帝削藩平淮之后，该地区成为帝国文化的有机组成部分。总之，西周到秦汉是徽州地区文化错综复杂而丰富多彩的重要历史阶段。

三国时期，徽州的长江以南地区属于东吴的势力范围，江淮一带则属于魏国，而另一部分地区成为魏吴两个政权激烈争夺的焦点。经两晋、南北朝的分分合合，唐宋以来，尤其宋代之后，江淮地区成为江南经济发达地区之一。

徽派建筑就孕育、发生和发展在该地区，成为中国传统建筑的重要流派之一，它主要位于古徽州地区（今安徽黄山市、宣城市绩溪县、江西婺源县）以及浙江淳安、江西浮梁。在上述地区现今尚有大量的徽派古建筑遗存，它们分别散布在大大小小的村落中，成为研究古代徽派建筑极其重要的依据，在旅游业发展中，吸引着海内外无数游客纷至沓来。笔者在对徽州民居建筑中铺首衔环的研究中，走进了古徽州，细细品味了它当年的繁华。

秦统一六国之后，实行"书同文""车同轨"，极大地促进了各地社会生产的统一，更有利于商品生产和商品交流的发展与壮大。

南北朝时期，北方战乱频发，而江南相对安定，尤其农业生产获得了进一步的发展，在北方农业生产受到战争严重影响，甚至被破坏的同时，江南农业相对平稳地发展，并开始反超北方农业。隋唐统一，尤其唐代筒车的发明与利用，使得江南丘陵地区的耕地获得水利灌溉，这就更为江南农业生产锦上添花。宋代，中央政府及各级地方政府允许乃至鼓励开垦荒地，促使江南耕地面积大增，直接导致农业生产发展与粮食产量增加，因此，江南地区的商品粮生产和经营迅速发展起来。

元朝，蒙古四大汗国打通了欧亚大陆，乃至通商非洲，这为东西方文化交流，尤其货物贸易提供了最大便利。此时，棉花种植引进中国，元代黄道婆改革纺织器械，让棉花纺织业加速成为江南地区主要的手工业。不论生产流程还是价格均比蚕丝纺织业精简和廉价的棉布广受青睐，围绕棉花种植、纺织及商品交流与消费的文化链悄然形成。地处江淮平原，正是棉花种植与棉纺手工业发达的中心区域的徽州，自然着重发展以棉花种植、纺织为主的手工业，并以之与传统农耕业相结合，带动了商品经济的发展及繁荣。

3.1.2 晋商文化研究的梳理

晋，西周初年是周武王之子，周成王之弟叔虞的封地，晋文公时期一度称霸诸侯，繁荣强盛。春秋末期，晋国在逐渐式微中为赵、魏、韩三家大夫瓜分肢解，历史上称作"三家分晋"。就晋而言，汾河发源于太行山，流经汾河平原后进入黄河，汾河是黄河中游的重要支流之一，这也奠定了三晋文化的底色。自古以来，不论是西周时期作为诸侯国的晋，还是战国时期的韩、魏、赵等，均依托汾河流域及其周边地区优越的自然条件成为农耕文化繁荣之地，不仅如此，它自然地将传统社会农耕业、手工制造业及商业结合起来，形成了一个完整的有地方性特色的文化体系，这便是三晋文化体系。

解读三晋商业文化，最早可以上溯到西周时期。商周时期，奴隶制社会逐渐趋于成熟，尤其在西周王朝，构建了相当完备的全部占有制社会文化体系。西周时期由于社会化分工，商人及商业阶层已经出现，《考工记》载道："或通四方珍异以资之。"唐叔虞之子燮成为晋侯（毛诗谱云"叔虞子燮父以尧墟南有晋水，故曰'晋侯'"）。"晋唐叔虞者，周武王子而成王弟。初，武王与叔虞母会时，梦天谓武王曰：'余命女生子，名虞，余与之唐。'及生子，文在其手曰'虞'，故遂因命之曰'虞'"[1]。晋作为西周时期面积较大和实力较强的诸侯

---

① （西汉）司马迁. 史记[M]. 北京: 中华书局, 1992: 1351.

国，发端于唐叔虞而得名于其子燮。"三家分晋"之后，韩、赵、魏跻身"战国七雄"。不论是晋国，还是韩、赵、魏三个诸侯国①，都参与了春秋战国②之际长期的争霸战争，而支持战争的是他们坚实和强大的经济实力。公元前260年，秦赵长平决战，持续三年之久，所耗兵源和财力均达到国力的极限，最终，赵国难以为继率先发起进攻，统帅赵括将45万赵军陷入秦军包围之中。相反，秦国因为秦孝公及商鞅变法经济实力与丁口大增，能支持长期的战争消耗，最终赢得了战争。赵、韩、魏最终均为秦所灭，这是分裂割据状态趋于结束的发展趋势，是长期以来此消彼长的最终结果。但无论怎样，晋及其后的韩、赵、魏，均十分重视发展生产、发展经济及添丁加口，以增加兵源战力。

总而言之，自西周以来，商业发展对于疏通财货与发展社会文化经济生活十分有利，于是，分封的各个诸侯国均十分重视与文化经济生活有着密切关系的商业。换言之，不论晋国，还是分裂后的韩、赵、魏，都在历史上为晋及周边地区奠定了发展商业文化的传统根基。从农业到手工业生产的发展与商品经济的发达，三晋大地的社会经济也基于此而获得迅速发展。公元前221年，秦统一全国，小农经济形态在全社会逐渐形成，它以一宗族宗姓的家庭为经济生活单元，集农业生产、家庭手工制作，以及消费品贸易等为核心构建了完善的封建经济的国家制度与文化运作体系。封建小农经济发展，在宋代发生了显著变化，宋代突破了传统家庭经济的范畴，出现了商品粮现象，这种变化促进商业文化迅速将城乡生产和生活联系起来。

宋代，中央政府采取了宽松的土地政策，将土地私有制及自由买卖制度放松到几乎最大限度，于是形成了土地高度集中与生产中普遍的雇农现象。另外，宋代中央政府还鼓励开垦荒地，导致大量新耕种土地的出现，这成为粮食囤积

---

① （西汉）司马迁. 史记[M]. 北京：中华书局，1992：1385.
② 东周王朝的两个分期：春秋时期（公元前770—公元前476）；战国时期（公元前475—公元前221）

与销售的前提，在粮食生产增长与聚集的情况下，城乡出现了商品粮食交易市场。宋代，商品经济的发展及繁荣极大地刺激着商人经营理念的发展与价值取向的转化，这直接导致商人社会财富的明显增长。就是这样，在社会大背景下，原本具有商业文化基因的三晋大地迎来了商业文化进一步发展的繁荣期。

明朝时期，小农经济社会的社会生产获得综合性快速发展，这为手工业和商业的发展创造了极其有利的机会与各种辅助性条件。山西，西周以来一直是传统农业、采掘业、冶炼及手工业发达的地区之一，这是商品经济发展及商业文化繁荣的重要基石。在明代，工场手工业已经发展成熟，诸如冶铁及铸造业、陶瓷业、纺织业、皮革业等，均从手工制作和作坊生产转化为工场手工业的生产方式，这为商品充分供应提供了充分的条件。工场手工业生产极大地提高了生产效率，直接造成产品产量和质量的提高，这成为商品经济市场扩大的必然前提。手工业生产的发展进一步促成小农家庭经济功能的分化，也就是说，早先有不少家庭手工制作的日用品为手工业工场生产所替代。这样，原本不需要商业媒介就可以自然获得日用生活消费品的经济方式，在手工业和商业的繁荣中被商品经济形式所取代。

总之，手工业生产的大发展与商品经济的繁荣，促进了人们生活内容的丰富，也改变了人们的生活方式，乃至提高了人们对于生活质量的憧憬，这为在小农经济体制中脱颖而出的商人及商业文化阶层在超越时代生活内容与对应方式上提供了物质基础，提供了意识觉醒的大好良机。

3.2 历史视野：铺首衔环的发展与演变研究

人进行各种各样的生产劳动，均旨在获得赖以生存与持续发展的必要的衣、食、住、行、用等条件，这诸多的人文条件包含着具体的内容、表现形式、基本功能，以及各种意识、理念，乃至独到的信仰等，它们并非一蹴而就，而是长期以来经过不间断的创造、延续与保持，剔除不适合因素而保留积极功能性要素，才最终形成的一定的规制。"圆者中规，方者中矩，立者中县，衡者见水。真者如生焉，继者如附焉。"①具体地，早在秦汉时期，就开始制定了严格的度量衡制度，如《汉书·食货志下》曰："布帛广二尺二寸为幅，长四丈为匹。"不仅如此，在学术性经典著述中，这些有关造物的规矩，还被上升为国之纲纪，以体现王道，如《诗经·大雅·朴》曰："追琢其章，金玉其相。勉勉我王，纲纪四方。"显而易见，营造之物的规矩，实则政治统治的纲纪。换言之，营造之物的规矩，成为政治统治的法则。

宋代，对于社会性生产而言，是一个规范化时代。尤其在建筑上，宋中央政府组织编写了著名的《营造法式》②，"凡构屋之制，皆以材为祖，材有八等，度屋之大小，因而用之。"在其他手工业生产领域中，同样进行了积极的规范化生产与相应的市场运作。宋代，某些手工业产品逐渐式样化生产，并走进商品销售及消费领域，例如，作为盛放琼浆玉液的酒之存放器，梅瓶、玉壶春瓶等，成为标准的造型器具。总之，早在商品经济繁荣的宋代，对于社会性营造的规范已是比较普遍和全面的。

明清时期，随着商品经济的进一步发展，社会生产更加规范化。当然，这绝非一朝一夕所形成，而是经由生活在各地、各民族人口生产和生活发展的漫长历史演进及积累而形成的，从战国之《考工记》和《墨子》到唐朝的《唐六典》，再从宋代《营造法式》到元代的《鲁班营造正式》，直到明代的《天工开物》和《园冶》，下迄清代工部的《工程做法则例》等，这些经典著作演绎了一部感性基于理性并日趋严密的筑造规矩的发展历程。从中也可以探寻到有关铺首衔环的发展状况。

---

① （战国）佚名，俞婷编译. 考工记[M]. 南京：江苏凤凰科技出版社，2016: 30.
② （宋）李诚，《营造法式》.

《周礼·春官·典命》曰："上公九命为伯，其国家、宫室、车旗、衣服、礼仪皆以九为节；侯伯七命，其国家、宫室、车旗、衣服、礼仪皆以七为节；子男五命，其国家、宫室、车旗、衣服、礼仪皆以五为节。"周朝以礼制制约生活，还对服饰、用器、用具等进行着严格的规定，例如，在服饰方面，《礼记》曰"天子龙衮，诸侯黼，大夫黻，士玄衣薰裳"；再如，对于用器的严格规定，《礼记》曰"天子之豆二十有六，诸公十有六，诸侯十有二，上大夫八，下大夫六"。自此，中国古代以制度制衡生产与约束生活，中国传统社会生产与社会文化生活就这样有着严格的量与质的规定性，这成为社会伦理制度。这种伦理制度还对社会不同阶层进行了"永恒"的与世袭的规范，《齐语》曰："士之子恒为士，农之子恒为农，工之子恒为工，商之子恒为商。"中国数千年的传统社会一直保持着这样的等级制度与等级分明的社会文化生活，而商人及其文化阶层尽管在经营中获得了极大的经济利益，拥有丰富生活的物质经济基础，但受到国家礼制的控制和制约，其物质财富的丰盈与社会地位的不高一直处于矛盾状态。

晋、徽商人在明清时期所设计和筑造的建筑物，就是这种文化生活的真实写照，他们渴望豪华舒适的物质生活，但在意识形态和精神主张方面又受到严格限制，这种矛盾纠葛贯穿着晋、徽商人的社会经营，也贯穿着他们的整个发展过程，更贯穿在他们的生活中，制约着他们的生产内容和生活方式。因此，探索、梳理及研究晋、徽商人的社会活动，有利于解析其建筑的深刻内涵。

3.2.1 从祭器到门环——形态的转换

铺首衔环虽仅仅是建筑门板上的一个功能性构件，但它的文化渊源却意味深长，起源于最古老的营造和筑建文化活动。《说文解字》曰："门，闻也。从二户。象形。"段玉裁注曰："门闻叠韵为训，笺曰闻者，内外相闻也。"显而易见，这是从语音的关系说明门之所以命名门，是因为设置门可使内外相闻。

门是隔开两两之间的关卡，在建筑中起着阻隔的作用。铺首衔环设置在门（板）之上，起着助力开启或者关闭门的作用，同时，它隐含着某些特别的引申语义，这些语义出现在祭祀性祈祷及相应的各种文化活动中。

进一步讲，铺首衔环设置在门板之上，起着叩击敲门与开合门板的作用，但就文化形态而言，它与中国传统礼制文化有着密切的关联，"效天法地"最初源自对神鬼的敬仰与崇拜，以及对于自然现象或者生命个体深陷困惑而难解之时的敬畏、恐惧意识，又源自图腾崇拜，或者源自对逝去先辈的怀念之情等等，它们一并构成了最为原始的祭祀活动的内容及对应的表现形式。

祭祀，在中华民族文化渊源中亘古有之，敬畏鬼神，人自然不自然地"敬而远之"，祭祀鬼神，人们希冀免除各种恐惧以获得多样的安全保障。于是，驱灾避祸，祈求平安，期盼如愿以偿，如图（3-1，3-2）。在历史上，起着这样作用、具有如此语义的饕餮纹及各种造型出现在多种器物和器具上，包括出现在服饰中，一言蔽之，在人们的衣、食、住、行、用等日常生活，乃至生产中频繁出现，可以说，是一种带有蒙昧时代文化特征的普遍的社会现象。各种目的性明确的祭祀性活

图 3-1

图 3-2

动几乎包含在生产和生活的绝大多数内容及各种形式中，并贯穿于人们各种活动。

原始混沌时期，对于自然现象的不解促使人们在意识上发生了偏离客观实际的轨迹及随后的行为表现，诸如观察中出现的幻觉、感觉中出现的错位，以及意识、思维和行为方式与最终结果的反差等，均在一定程度上造成效应不同的影响，影响到紧随其后人们解决生产和生活的意识、思维和行为等人文的进一步发展，乃至变异。于是，一种与客观存在相左的思维及行为模式出现，即原始崇拜出现，且由于人们所面对的自然环境及各种条件不一，所以，形成崇拜的内容和表现形式也千差万别，这就是原始多神教影响下人们的认知状况。面对难以解释与处理的自然现象，人们只有通过祈祷、膜拜等行为模式祈求事物及现象向着自己期盼的方向发展，这样，祭祀便以这种祈求美好愿望的实现为最终目的的形式出现。当然，最初的祭祀可能趋向一种愿望，但随着事物发展的多样性及多变性相继出现，祭祀的内容、形式及规模也随着人口及族群的发展而发展起来，对于各种祭祀活动的认知、阐释及行动表现，也因其影响的广度和深度而发生着明显的变化，故此，有些祭祀成为族群的集体活动，乃至集群意识及行为表现，而有些祭祀仍然是个别的和局部的意识及行为表现。

阶级社会出现之后，祭祀在意识形态领域中发生了本质的变化，由于社会文化分工，祭祀为专门和专职的人及阶层所掌控，社会性族群中出现了承担祭祀职责的专门性人员，如神汉、神婆等，整个从事祭祀的阶层的思维及理念与行为便成为被社会公认的职业性和专门化知识体系。《史记》载："自古受命帝王，曷尝不封禅？盖有无其应而用事者矣，未有睹符瑞见而不臻乎泰山者也。虽受命而功不至，至矣而德不洽，洽矣而日有不暇给，是以即事用希。"[①] 其中，封禅之事，便是一种重大的祭祀活动。所谓封禅，"此泰山上筑土为坛以祭天，报天之功，故曰封。此泰山下小山上除地以祭，报地之功，故曰禅。言禅者，

---

① （西汉）司马迁. 史记·封禅书[M]. 北京：中华书局，1992: 1161.

神之也。"① 古代封禅之根本目的，在于彰显一种高尚的思维和行为，即德，帝王祭祀曰为封禅，即昭告天地，要施行仁政，即弘扬一种存在于天地之间的美德，旨在祈求并获得平安、福祉。

封禅之事，亘古有之。"管仲曰：'古者封泰山禅梁父者七十二家，而夷吾所记者十有二焉。昔无怀氏封泰山，禅云云；伏羲封泰山，禅云云；神农封泰山，禅云云；炎帝封泰山，禅云云；黄帝封泰山，禅亭亭；颛顼封泰山，禅云云；帝喾封泰山，禅云云；尧封泰山，禅云云；舜封泰山，禅云云；禹封泰山，禅会稽；汤封泰山，禅云云；周成王封泰山，禅首社：皆受命然后得封禅。'"② 帝王将相祭祀与寻常百姓祭祀，显然有天壤之别，但祭祀的目的，是有相同之处的。

用来祭祀天地、神灵及先人的实物统称祭物，也是各种劳动成果。例如，粮食或者瓜果蔬菜等农产品，牛羊等畜牧业产品，以及一些手工业制品等。在建筑业中，祭祀之物就集中在建筑物之上。为了祭祀，人们专门修筑了庙宇、祭坛，例如，现存北京的天坛、地坛、先农坛等，便是执行礼制中祭祀活动的专门性建筑物，如图3-3。随着社会文化分工及劳动成果在功能上的划分，还出现了专门的祭物——礼器。"礼由人起。人生有欲，欲而不得则不能无忿，忿而无度量则争，争则乱。先王恶其乱，故制礼义以养人之欲，给人之求，使欲不穷于物，物不屈于欲，二者相待而长，是礼之所起也。"③ 祭祀，是人旨在获得一种欲望满足时所采取的一种祈求式活动。在文化内涵上，国家级别的祭祀，也可以说是国家礼制，是国家政治的一个重要内容，是整个礼制体系的重要组成部分。换言之，围绕祭祀所展开的各种活动与所采用的各种营造之物，都属于国家礼制文化。

---

① （西汉）司马迁. 史记·封禅书[M]. 北京：中华书局, 1992: 1161.
② （西汉）司马迁. 史记·封禅书[M]. 北京：中华书局, 1992: 1165.
③ （西汉）司马迁. 史记·礼书[M].北京：中华书局, 1992. 1025.

图 3-3

　　北京天坛、地坛、先农坛及太庙等建筑物,是明清两代王朝基于国家祭祀目的而营建的。天坛位于故宫正南偏东的城南,正阳门外东侧。它始建于明朝永乐十八年(1420),是中国古代明、清两朝历代皇帝祭天之地;地坛,又称方泽坛,始建于明嘉靖九年(1530),是明清两代帝王祭地的场所,也是我国最大且是唯一现存的祭地之坛,坛内总面积六百四十亩;先农坛始建于明永乐十八年(1420),最初位于正阳门西南,与其东面的天坛建筑群相对应。先农坛始建时建制沿用明初旧都南京礼仪规制,称作山川坛。后来,明嘉靖年间有所修缮,乃至变更,是明清历代皇帝祭祀先农神的地方;太庙,始建于明永乐十八年(1420),位于现在北京市东城区东长安街天安门东侧,占地面积 13.9 万平方米,是明清两代皇帝祭祖的地方。显而易见,在祭祀性建筑中，大门板上所设置的铺首衔环，更加具有神秘色彩，围绕祭祀活动及其礼仪而设计与制作。

铺首衔环，作为建筑物的有机构件，被设置在门板之上，一方面，它符合整个国家的礼仪制度，不论是用以纯粹的祭祀建筑，还是用于一般性实用建筑，或是衙门官邸，或是私宅，或是手工作坊环境，或是寻常百姓的住所等，均是符合礼制的建筑。另一方面，祭祀，既是国家礼制的部分内容，也是国家正常的社会文化活动的重要组成部分，它发生在随时，也发生在随地，故此，任何建筑都是国家礼制制约下的产物。正因为如此，铺首衔环实际就是整个国家礼制约束下的产物。

3.2.2 从礼仪到装饰——功能的转换

礼仪，是建立在一定物质基础上的家庭和社会道德秩序。管仲曰："仓廪食而知礼节，民不足而可治者，自古及今未之尝闻。"显而易见，礼仪是采用一定物质的具体形态进行合理分配，即赐予神授意的一种分配方式，并使被授予者安于某种稳定状态所必须采用的一种合理的秩序关系。"稻粱五味，所以养口也；菽兰芬苣，所以养鼻也；钟鼓管弦，所以养耳也；刻镂文章，所以养目也；疏房床第几席，所以养体也：故礼者养也。"[1] 就建筑物的基本功能而言，它是供人进行生产与生活的、具有实际意义的活动场所或空间，具有环境语义特征。建筑物解决了人的居住问题，使之明显与动物隔开，并通过采用房屋的式样化形式在内部建立了一套有关生活的伦理秩序。礼仪，就是具体的伦理和道德规范。"人道经纬万端，规矩无所不贯，诱进于仁义，束缚于刑法，故厚德者位尊，禄重者宠荣，所以总一海内而整齐万民也。"[2] 具体以衣、食、住、

---

① （西汉）司马迁. 史记·礼书[M]. 北京: 中华书局, 1992: 1025.
② （西汉）司马迁. 史记·礼书[M]. 北京: 中华书局, 1992: 1023.

行和用等为内容，以社会地位的高低为标准进行严格划分、分配及规范，各等级的人不能超出自己所在等级的规范与限定，反之，被视为"僭越"，必然受到严厉惩罚。"是以君臣朝廷尊卑贵贱之序，下及黎庶车舆衣服宫室饮食嫁娶丧祭之分，事有适宜，物有节分。"① 如此，礼制是在全社会普遍展开并细致入微执行的，对于国家而言，它既是物质形态的规划，又是经济形态的规划，还是意识形态的规划，总之，是对社会生产与人们社会生活秩序的总体规划。

随着社会生产与社会文化生活的发展，这种具有等级制的有关礼的规范，越来越细致也越来越严格。唐宋以来，在社会文化经济的迅速发展中，某些社会阶层可以通过一定的方式及方法，使其社会地位得到转化，甚至获得提升，例如，中小地主阶级人士，甚至农民阶级的子弟，可以通过科举考试进入士文化阶层，乃至获得更高的社会地位，但是，在没有获得相应高级的社会地位之前，这种严格的礼制是不能做任何逾越奢望的。

唐朝统治者对历史上有关礼制进行了较为充分的分析与研究，进而制定了有关礼制的新规范。"由三代而上，治出于一，而礼乐达于天下；由三代而下，治出于二，而礼乐为虚名。古者，宫室车舆以为居，衣裳冕弁以为服，尊爵俎豆以为器，金石竹丝以为乐，以适郊庙，以临朝廷，以事神而治民。"② 礼制的主要社会功能，《唐书·礼乐》曰："由之以教其民为孝慈、友悌、忠心、仁义者，常不出于居处、动作、衣服、饮食之间。盖其朝夕从事者，无非乎此也。此所谓治出于一，而礼乐达天下，使天下安习而行之，不知所以迁善远罪而成俗也。"由此看来，礼制是约束社会生产，尤其是制约人们生活的社会规范。

北宋时期，封建社会经济、政治及意识形态更加发展与趋向完善，社会礼制也更加严格规范。宋代建立了一整套详尽的礼制，其中，"臣庶屋室制度"

---

① （西汉）司马迁. 史记·礼书[M]. 北京：中华书局，1992：1023.
② （宋）欧阳修，宋祁. 新唐书[M]. 北京：中华书局，1992：197.

规定："宰相以下治事之所曰省、曰台、曰部、曰寺、曰监、曰院，在外监司、州郡曰衙。在外称衙而在内之公卿、大夫、士不称者，按唐制，天子所居曰衙，故臣下不得称。后在外藩镇亦僭曰衙，遂为臣下通称。今帝居虽不曰衙，而在内省部、寺监之名，则仍唐旧也。然亦在内者为尊者避，在外者远君无嫌欤？私居，执政、勤王曰府，馀馆曰宅，庶民曰家。"① 由此，宋代礼制之严厉可见一斑：不仅材料、形制、大小等严格规范，在名称上也严格加以限制。

元代在礼制规定上更是有过之而无不及。明代在礼制上则更加推进一步，愈加强调对社会秩序的控制。《明史·志第四十四》之"百官第宅"条规定："明初，禁官民房屋，不许雕刻古帝后、圣贤人物及日月、龙凤、狻猊、麒麟、犀象之形。凡官员任满致仕，与见任同。其祖父有官，身殁，子孙许住父祖房舍。洪武二十六年定制，官员营造房屋，不许歇山转角，重檐重拱及绘藻井，惟楼居重檐不禁。公侯，前厅七间，两厦，九架。中堂七间，九架。后堂七间，七架。门三间，五架，用金漆及兽面锡环。家庙三间，五架。覆以黑板瓦，脊用花样瓦兽，梁、栋、斗拱、檐桷彩绘饰。门窗、枋柱金漆饰。廊、庑、庖、库、从屋，不得过五间，七架。一品、二品，厅堂五间，九架，屋脊用瓦兽，梁、栋、斗拱、檐桷青碧绘饰。门三间，五架，绿油，兽面锡环。三品至五品，厅堂五间，七架，屋脊用瓦兽，梁、栋、斗拱、檐桷青碧绘饰。门三间，三架，黑油，锡环。六品至九品，厅堂三间，七架，梁、栋饰以土黄。门一间，三架，黑门，铁环。品官房舍，门窗、户牖不得用丹漆。"有关庶民的庐舍，"洪武二十六年定制，不过三间，五架，不许用斗拱，饰彩色。三十五年复申禁饬，不许造九五间数，房屋虽至一二十所，随其物力，但不许过三间。正统十二年令稍变通之，庶民房屋架多而间少者，不在禁限。"② 显而易见，传统社会礼制

① （元）脱脱. 宋史[M]. 北京：中华书局，1992: 2407.
② （清）张廷玉. 明史[M]. 北京：中华书局，1992: 1117.

成为桎梏民居发展与壮大的戒律禁令，即便明正统朝有所松弛，但也仅仅是在房间的多寡上进行了一定的调整，并没有将根本的东西放置于民间，任人选择。

即便如此，反映功能需要的建筑，其铺首衔环设计与制作还是缓慢地发展着，它在这种严酷的政治意识形态桎梏的打压下，并非随心所欲地创造与发展，所以，铺首衔环在一般民居中发展的态势是缓慢的，即便它在内容和形式上有所创造，但这种意识形态又附加严酷的法律制裁仍然将之置于不能伸展腰肢的境地。值得思考的是，在封建小农经济社会，由于手工业生产的大发展，以及由之引起的频繁商品交流，从根本上扩大了小农经济生活的文化范畴，这种客观性迫使社会政治意识不得不做出相应的妥协，即在无可奈何的情形下，专制主义礼制社会还是松弛了，它虽然毫不情愿地被迫做出了某些让步，但臣民感觉到了希望，如果将之归结到"王道乐土"的幸福感，那么，人们仍然乐意承认这种礼制社会的合理性与可行性，这就是小农经济社会发展到商品经济时代极其重要的社会文化规律使然——历史特殊时代的局限性，就在于社会生产力的自觉，否则，任何强加的意识及理念，都是于事无补的

正因为如此，晋派建筑、徽派建筑明显的建筑特点，就是在矛盾纠葛中发展的，一方面，通过有道经营，晋商、徽商获得了大量的社会财富，成为商品经济时代的核心文化阶层，取得了巨大的成功，他们凭借自己的智慧与依托社会文化分工及交互影响的文化背景聚集了大量社会财富，完全可以凭借这样的经济实力来设计与布置自己的生活，以图衣、食、住、行、用等生活质、量、度发生根本性的改变，然而，社会伦理的桎梏不仅捆绑着他们的手脚，而且还禁锢着人们的意识思维——即便有多少符合生产和生活愿景的设想，在这种种礼法的约束下均只能成为一种美好的想法。另一方面，晋商、徽商等商业阶层，即便在经营中赢得了成功，但中国传统的宗祠习俗及价值理念，依然成为规范他们日常生活的根本宗旨，是他们可持续衍生的根本途径。为此，试图扩大的家庭及人丁促使他们在建筑的空间占有上有所追加，这是社会伦理制度允许的，

或者说，在社会主流意识范畴中，他们还是可以随心所欲的。

3.2.3 从实用到审美——文化的转换

铺首衔环最为核心的功能，就是实用。如图，3-4，3-5。除此之外，附加在其中的语义阐释与装饰图案及色泽等，均是功能之外所隐含的文化内涵。所谓文化，"是指人类经过劳动而创造的所有物质与非物质活动及其结果的总和。"① 文化，作为人类社会的创造及其存在，不论物质的具体形态，还是基于物质的意识形态，均在一定时间与一定范围内起着作用，尤其对人们的社会生产与日常文化生活起着支撑与指导作用。

历史上，祭祀所采用祭物、祭器等，均是人们的劳动成果，故此，都具有十分具体的针对性的作用，即实用性。在建筑史上，任何一种建筑，均具有某种实用性。当然，作为建筑物门板上的构件，铺首衔环理应具有实用性的功能。为此，铺首衔环的造型及所采用的材料，以及制作工艺等，均需要符合铺首衔环的实用性功能，以达到基本的设计与制作目的。铺首衔环，其产生的历史，可以追溯到商朝。考古发掘证实，商代，对于中国传统建筑具有奠基的意义，是中国古代建筑出现并形成城市建筑及建设的肇始时期。"中国古代对于城市的理解包含了两重意思，即城市是进行政治活动和经济交往的场所。从考古发掘资料看，中国古代城址布局有一个发展变化过程，到了功能比较完备阶段时，一般包括这样几个部分：宫殿、衙署等政治活动场所，城墙、壕沟等防卫设施，市场等经济活动场所以及市民居住区等。"② 正因为如此，建筑便从这个时期发展起来，那么，有关建筑及其局部的构建等，就从商朝的建筑开始了。商王朝的社会制度主要围绕多神教崇拜及其祭祀活动展开，商人十分迷信鬼神的存在

---

① 孙斌. 陶瓷文化 大千世界[M]. 上海：同济大学出版社, 2013: 1.
② 张之恒. 中国考古学通论[M]. 南京：南京大学出版社, 1991: 189.

（上）图3-4，（下）图3-5

图3-6

及其制约作用。"子曰：'鬼神之为德，其盛矣乎！视之而弗见，听之而弗闻，体物而不可遗。'使天下之人齐明盛服以承祭祀。洋洋乎如在其上，如在其左右。《诗》曰：'神之格思，不可度思，矧可射思？夫微之显，成之不可揜，如此夫。'"[1] 总之，对于鬼神的敬畏，从潜意识走向自觉，又从自觉走向行动，这便是祭祀活动的由来与表现。

在上古时代，原始人制作的石器、陶器、骨器和玉器，不仅富有实用性功能，而且在视觉上已经初步具备了抽象化的纹饰和图案，例如，半坡的人面网纹盆，图3-5，马家窑文化螺旋纹彩陶瓮，图3-6。随着人们认识事物能力的增强与表现水平的提高，器物上的纹饰也在逐渐变化，并且越来越具有了视觉审美的功能，诸如对称、平衡、双关、对比、发散以及夸张，甚至怪诞的纹样先后出现，如饕餮纹、夔龙纹，图3-7等等。

同样，在建筑物上，人们依然涂满了各种图案，有时直截了当地将某个局部制作成一个独立的纹样，如图3-4，便是饕餮纹饰的铺首衔环。就这样，铺首衔环在建筑中逐

---

① （春秋）孔丘，杨洪，王刚释义. 中庸[M]. 兰州：甘肃民族出版社. 1997: 30.

渐从实用性功能转化为视觉审美功能。

进一步讲，在建筑抽象与表现中，不论是自然元素，还是人文元素，都在建筑功能及文化内涵等诸多制约因素所建构的框架下变得和谐，以至形成一种极具个性特征的文化体系。历史唯物主义认为，劳动创造了人自身。人通过劳动的方式改变着自然与改变着自身，最终创造了人类社会。就建筑本体而论，它是人劳动的对象及劳动征服的结果。在建筑自我看来，它是经过人独特的劳动方式实现的、专门的、具有特殊功能性的使用价值的完整体现。显然，这种独特的劳动方式，就是对自然形态的智慧性加工及改造。但是，社会的构建却强行将人与人之间对立起来，将人们主观地禁锢在一定的范围内进行必需的活动。例如，在严格的社会伦理秩序中，商人承担自己所肩负的社会交换及供应的社会职责，在实现"通四方之珍异以资之"的过程中，商人费尽心机，大费周折，正当他们心满意足与踌躇满志地准备自由设计与表现的时候，却发现许多方案无法实现，于是只得将某些设想隐匿起来，以社会伦理制度所允许的方法去表现。类似地，其他社会文化阶层也如此设计与构建自己的居所——内容与具体的表现形式也必然符合

图 3-7

俗称的伦理。

由此可见，在中国传统伦理社会，特定的制度严格限定着建筑设计，久而久之，这种对抗逐渐培养出一种独具特色的地域性建筑文化。

建筑物是自然形态的人工转化，即各种适合建筑营造的，满足可持续发展需要的自然材料，诸如木、石、草等，均可作为建筑用材使用，且随着工程技术、营造工艺不断发展和进步，更多材质参与并渗透进来，成为建筑文化体系的重要内容与具体表现形式，铺首衔环就是其中的一种造型形式。最初，设置在门板上的铺首衔环起着容易开合门板的作用，但随着各种人文活动在门板内外的频繁穿梭，于是，寄予乃至印刻在门板上的人文语义在逐渐叠加，乃至与门板成为一体化的语义，这样，门板自然地折射出实用之外的其他功能。十分明显地，铺首衔环具有一定的造型，并且这种造型主要是以自然物为基本形式进行抽象而形成的，还包括一定的材质及肌理、色泽、质感等，造型要素的客观存在必然促使感官者能够以此为对象进行观察、认知，于是，一种以刺激视觉为目的的审美活动展开了，它基于特定的造型、材质及肌理、色泽刺激和感受。

再次，建筑物及有机构件因功能需要而依照几何化、抽象化理念及对应的方式进行各种具体的营造。建筑物及有机构件均是一种十分具体的物的造型形式的反映，反映着某种功能性及对应形式的和谐与统一，如图3-8，3-9，设置在民居建筑物门板之上用以顺利开合门板的铺首衔环，从铺首造型的形式看，二者是不同的，图3-9呈几何形的正六边形造型，图3-8则呈现为如意形的造型式样，在工艺技术处理方面，两个铺首均采用了镂空工艺，富有通透及巧妙之感。另外，就整个铺首造型而言，具有图案的层次感，第一层为底层样式及色彩配置，或者称作背景依托，就是门板的图形及色彩，而第二层图形则是门钉，即便呈正六边形的铺首门钉仅有六个，但在整体布局上仍然构成了双重的装饰性图案框架，另一个则更显得富有视觉冲击力，它在每个如意形的造型之上再各设置了六个固定的门钉，而每个如意中六个门钉又抽象性地构成了一个

(左) 图 3-8, (右) 图 3-9

"燕子"的造型。第三层则是倒扣的半球体，铺首的第四个层次便是中心区域，这个区域又以圆形适合纹样的形式进行设计，这个适合纹样至少设计有三个层次。这样，就铺首而言，整体设计与制作颇具匠心，艺匠独特，巧妙设置，富有丰富的传统文化语义，一方面，它考虑到造型的几何抽象化造型法则，并寄予数字的引申语义，以"6"的谐音，阐释"路""禄"及"六六大顺"等语义，将美好夙愿寓意于基本造型之中。另一方面，就一个基本的造型，用不同的手法赋予其多个层次，不乏雕刻和镂空中的"减法"，更不乏物质积累和堆砌中的"加法"，但不论是"减法"，还是"加法"，都执行着创意中的总体加法，即增添造型形式的可视性及审美语义的丰富性。总之，在铺首衔环功能性执行中尽显着视觉审美及造型的引申语义。

建筑物的客观存在包括建筑物的基本造型、组织结构、局部形体及组织建构与对建筑物形制及相应功能性的分配、占有和使用，习惯遵循社会各阶层、各阶级的认同感。这也构成建筑物的社会伦理原则及秩序性和等级性。西周王朝所建立的"礼乐"制度及其在社会实践中的应用，事实上，是建构了基于物的社会生产及应用的社会秩序，是一种以物与人之间关系为标准的妥善布局，这便是劳动结果分配、拥有及使用等构成的所谓合理的伦次关系，展示着一种秩序性和等级性。

历经长期以来的社会考验及推演，乃至删除或者增加，尤其西汉武帝遵循儒家学说，并以之为社会主流思维和行为模式后，在社会文化运作中形成了一整套有关社会秩序的伦理制度，并被社会普遍认同、使用与贯彻。针对建筑及其结果的分享，十分鲜明地贯穿在社会生产与社会文化生活的各个阶层、阶级中，就建筑的铺首衔环而言，其审美的表现似乎是造型美和装饰美，但在本质上，促使人们展开思考的是，它潜在的秩序滞留在营造之物的各种形式，乃至构成部分之中，人们从中见出了造型形式美、结体美、内涵美、价值美，以及艺匠美与意境美等美学内涵。

铺首衔环的造型形象是基于动植物与人物之间的复杂关系的一种适合性构建，它源自铺首衔环的功能，立足于人机界面的适合性，乃至舒适性原理，将具象感知与抽象思维结合起来，在取材自然与社会因素中完成了铺首衔环具体造型的创造，因此，这种造型形式是极具人文审美因素的。在内部和外部结构共同作用所构成的造型结体上，根据功能需要，铺首衔环采用了具有相应和一定物理机械强度的材料及制作工艺技术，设计与制作了一个有机的结构体，尤其突出了结构体的机械性能及坚固性，以及达到连续性使用的目的性及对象化，这是铺首衔环结体美的核心。内涵美是铺首衔环又一个审美范畴，孔子曰："文胜质则史，质胜文则野，文质彬彬，然后君子。"铺首衔环就是采用文质有机融合的艺匠宗旨设计与制作的，它在赋予铺首衔环实用性的同时将丰富的文化内容及深邃的内涵蕴藏在造型形象的内部，在此，折射内涵美的渠道又是假借内外协同的微观文化隧道来执行的。因此，了解铺首衔环的内涵美需要洞察这条微观的文化隧道。

铺首衔环的艺匠美、价值美及意境美等审美要素，是传统工艺的集中反映，工匠娴熟的制作是支撑造型美的可靠的技术保障，工匠的劳动直接体现着铺首衔环的劳动价值、商品价值及市场价值，还有，工匠劳动旨在建构的人文环境及价值，直接指向铺首衔环所参与建构的人文环境，给人以超自然环境的内容及对应形式，将铺首衔环的物质和意识形态结合起来——但无论如何，传统建筑中铺首衔环的审美均是在传统社会伦理框架下执行的。因此，铺首衔环完整地体现着传统伦理的审美宗旨。

3.2.4 从物质形态到意识形态

在人类所进行的创造性活动中，建筑属于综合性的造物。它原本是着力解决人的居住问题的。然而，随着社会生产与生活，尤其在占据主导地位及主导意识的社会政治因素影响下，建筑被纳入礼制文化体系中，发生了鲜明的变化，这不仅是物质形态的变化，而且是意识形态的变化，可以说，是物质具体形态受到意识形态支配的反映，反之，是意识形态对物质具体形态的影响和制约。

在中华民族传统文化及建筑体系中，建筑的文化要旨，或者说其功能性目的，就是满足人们有关居住生活及文化价值需要的营造体系，但在社会阶层阶级壁垒森严的文化规划中，出现了"士、农、工、商"的文化阶层划分，在同一文化阶层中，又出现了社会地位、职位高低的划分，出现了财产拥有和分享中有关贫富的划分，等等。正是由于这些因素使然，身居社会不同文化阶层、不同社会地位，以及拥有不等财富的人，在建筑用材用料、建筑结构形制、建筑规模等方面存在着明显的差别，进而彰显在建筑布局的内容与相应的表现形式，使之明显地区分开来。其中，铺首衔环尽管在建筑中十分微小，但它的造型形式、装饰内容及表现形式、材质及制作工艺等，均受到社会伦理制度的全面和严格制约，甚至是严格的限制。在表面上看，这是社会生产形态与物质具体形态的反映，但在本质上，它是社会不平等条件下占据统治地位的人及其阶层的潜在意识、思维及价值观的反映。

首先，它属于社会伦理的规划，是伦理文化的一部分。社会伦理从来都不是空洞和苍白的，更不是随心所欲的，而是在一定历史阶段社会物质生产与组织劳动生产及占有与分配欲望，与由之形成的理念之所以能够指导客观现实并获得合理和满意结果的反映。最初，从母系氏族公社进入到父系氏族公社时期，便出现第一次文化价值的转化，即妇女在社会劳动中能力的弱化及社会地位的相对下降，与男子在社会生产劳动中能力的彰显与其社会地位的相对上升，这从根本上颠覆了人类最原始的价值观。此时，逐渐孕育了有关"王道"的思想意识——即便被后世所竭力推崇的远古圣贤，即"三皇五帝"，不乏有着敬业爱民的思想意识与极其完整的表现，但一种或多种特权已经在滋生与散布，人们在主客观上不得不承认圣贤们的才能，尤其是他们所独有的与超凡的专业性能力，随即出现的"禅让制"便是在这些圣贤中展开的，其中的王道思想与具体表现，真实并赤裸裸地提示人们，这仅仅是对于圣贤才能，也包括人格的崇。换言之，"禅让制"所定义与规范的民主仅仅是在圣贤集团的民主。即便如此，这种圣贤民主在历史上也出现了重大转折，那就是公元前 21 世纪，禹的儿子启用自己的行为模式破坏了这种"禅让制"，他取得了部落联盟首领的地位，从此，王位世袭制替代了"禅让制"，这样，中国历史进入到频繁的王朝更迭体制中。"十年，帝禹东巡狩，至会稽而崩。以天下授益。三年之丧毕，益让帝禹之子启，而避居箕山之阳。禹子启贤，天下属意焉。及禹崩，虽授益，益之佐禹日浅，天下未洽。故诸侯皆去益而朝启，曰：'吾君帝禹之子也。'于是启遂即天子之位，是为夏后帝启。"[①] 随后，夏为商所取代，商又为周所取代。西周建立后，周武王驾崩，其子继位，是为成王。此时，周武王之弟旦，以叔父之尊摄政理国，旦在周武王时位列公爵，因此称为周公。周公旦先后平定了

---

① （西汉）司马迁. 史记·礼书[M]. 北京: 中华书局, 1992: 62.

管叔和蔡叔联合纣王之子武庚的叛乱与唐的叛乱。而后，周公采用诸侯分封制度，将爵位用世袭制、等级制及食禄制等内容固定下来，在西周王朝建立了一整套生产、生活的社会礼制，深刻影响了中国传统社会，并逐渐渗透到社会的各个领域。明清时期，约束社会各文化阶层、阶级的社会礼制与约束、甚至桎梏家庭成员的家庭礼制不仅趋于完备，而且达到了无所不用其极的地步，它深入与波及到社会生产与人们日常生活的方方面面。

其次，以物的拥有与使用为基础，在建构内容和形式上达到高度统一，以反映一种意识形态，即国家社会制度的建立与运作，反映为一种政治伦理观念，一种特权及价值体现，成为社会生产和生活的核心。在西周王朝，从周王开始，依次为公、侯、伯、子、男、甸、采、卫、大夫，不仅表现为独立的与分等级的物质财富拥有与对等的生活享有，也表现为一定的政治行政权力，《考工记》载道"或坐而论道，或作而行之"。总之，具有爵位的人按照社会爵位及其所在的社会文化阶层和等级，拥有与享用一定的财物，构建了一种经济生活方式及其所规范的伦理秩序——这既是物质的，又是非物质，即精神的。因此，传统伦理文化价值的理念在全部社会生产和生活中展开，旨在将多种营造之物均划入社会伦理体系中，强制社会各个阶层不得不拥有的伦次关系。随着社会形态的变化，社会生产与社会文化生活也发生着相应的变化，然而，中国传统社会一直秉承与坚守着西周所建构的社会礼制，一直恪守着礼制文化并在礼制框架下运作。到明清时期，礼制对于社会文化的制约与管控更加细致入微，更加面面俱到。

再次，从一般性的日常生活到祭祀等礼仪性的社会活动，均反映为人们所在等级的社会政治地位与对等的经济生活秩序之间的关系，并特别强调了政治的优越性。在社会各个阶层中，贯彻一种以经济为基础的政治文化生活，并展示着自身社会文化的节操，而与之相比，低等级的社会阶层，处于一种无人问津的境地——但商人阶层却偏偏超出了阶层社会所规范的框架。晋商、徽商等商人文化阶层就是这样，以他们在经商中获得巨大的经济财富与对等的经济实力，坐拥财富天下的一角——原本可以享有豪宅，享有超越其他文化阶层的、属于自己经济基础与支撑能力的日常文化生活，可是，社会礼制却严格将商人及其文化阶层编排在建筑文化的框架之外。

最后，铺首衔环既贯穿着中国社会传统礼制生发的历史，又贯穿着中国建筑及文化演变的历史。就建筑功能而论，铺首衔环的造型要素从根本上解决了设置在建筑物、门板、人之间的衔接，是实现人与建筑交融的功能性装置。从本质上说，铺首衔环起着门板把手的作用，是特定物质的造型形态，如图 3-10，这是晋派建筑最为普通的一件铁制的铺首衔环，借两块门板闭合来达成一个被一分为二的圆形基座门铺的圆满，这种设计，完美体现着建筑文化本身的建构语义，同时，它也体现着多元文化完全可以有机融合在一个本体之上。

图 3-10

铺首衔环，在建筑上仅仅是一个极其微小的配件，但从物质选择到造型设计，再到工艺制作等，却完整地展示了物质与意识的关系，尤其展示了传统国家意识形态的内容。因此，在社会文化有目的地选择中，铺首衔环的设计、制作及造型塑造等，必须根据社会性选择递进与发展，在一定历史时期彰显着社会选择的时代特征。

3.3 地域文化视野：铺首衔环的形态比较研究

在人文建构中，环境是以人为中心的地域性生产与生活境况的总称。而地域性是自然环境意识形态的客观表述，它包括地形、地势及可被人类生产所利用的土地、气候等自然条件制约下的植被，以及人们根据自身生活需要所展开的生产方式和生活方式与对等内容所反映的特性，它又分为生产环境及特征、生活环境及特征与民俗、民风及宗教信仰所构成的意识形态及状况表述等。所谓地域文化，是环境文化地域性特征的展示，它是人们根据地理、地势及气候等自然环境因素来考量、设计与实现生产和生活，以及由此发展起来的意识、理念、行为及结果的总和。地域性文化在社会文化运作中共同承担着属于全部社会性的文化内容及具体的实行方式。然而，在阶级社会出现之后，凌驾于地域文化之上的便是社会意识形态文化，它借重国家机器对地域性文化进行必要的制约。

3.3.1 晋、徽铺首形制比较

晋、徽两地由于地理和人文因素的不同，在建筑上也表现得差异很大。

山西，史称晋，始于西周王朝，由周成王与其弟叔虞玩笑之语而来①。晋作为一个诸侯国仅仅存在于春秋时期（公元前 775—476），三家分晋之后，晋作为一个诸侯国在东周的政治地图上消失了，但晋文化的发展仍然在继续。

晋的地理位置特殊，少数民族时常占据三晋之地，历史上，在三晋之地有

①　详见《史记·晋世家》

多个民族政权立国。南北朝时期,晋属于北朝,北朝的第一个少数民族政权北魏,首先建都平城(今山西大同),此后,西魏、北周均以之为政治文化中心隋唐时期,关陇集团的李氏家族长期经营晋地。公元 618 年,官拜太原留守的李渊在次子李世民的谋划下打着勤王的旗号起兵,很快夺取天下,建立了大唐帝国(公元 618—907)。值得注意的是,晋地一直是农耕文化与草原文化的交融之地,例如,游牧于蒙古草原的鲜卑族在山西大同(旧称平城)建立了第一个少数民族政权,随后,冯太后及孝文帝改革,均是鲜卑族融入中华文化的典型性事件,也是鲜卑族从游牧生活向农业耕作生活过渡的里程碑。事实上,南北朝时期的"五胡"[①] 文化,以及此后的契丹、女真、党项等民族文化,均融入中华文化,成为中华民族文化一体多元的有机组成部分。总之,在历史上,晋,即今天的山西,曾经是游牧民族文化与农业耕作文化交往交流交融的地区。

晋,地处北温带,气候干燥,一般情况下降雨量在 400—600 毫米之间,汾河几乎贯穿全境,因此,汾河平原成为三晋农耕业发达的重要基地。此外,黄河也有部分河段从界内或者边界流淌而过,这在水资源方面弥补了中温带地区少雨的缺陷,有利于农业和冶金业的发展。另一方面,晋在地质时期形成了两大重要资源,即铁矿和煤矿,这为它在传统铁器时代提供了繁荣和发展的优越条件。山西自古以来,铁矿产量较高,铁制品质量优越。自战国以来,西方的铁,东方的盐,北方的皮革,南方的象牙,均是中原市场的抢手货。由于三晋地大物博,民风淳厚,生产发达,社会经济生活一直保持着可持续发展的良好状态。"河东之地平易,有盐铁之饶,本唐尧所居住,诗歌风唐、魏之国也。周武王子唐叔在母未生,武王梦帝谓己曰:'余名而子曰虞,将与之唐,属之参。'及生,名之曰虞。至成王灭唐,而封叔虞。唐有晋水,及叔虞子燮为晋

---

① 南北朝时期(公元317—589),在中国北方出现与活动的匈奴族、鲜卑族、羯族、氐族、羌族五个少数民族。

侯云，故参为晋星。其民有先王遗教，君子深思，小人俭陋。"① 总之，不论考虑地理条件还是人文因素，晋自古便是农业、手工业和商业发达的地区之一，也可以说，三晋大地是中华民族文化的发祥地之一。

经过长期发展，到明清时期，山西地区，尤其晋中、晋南，在传统农业经济的基础上发展了以商品为媒介的社会经济，由此带动了典当、信贷等金融业的发展，逐渐扩大到手工业生产领域，并积极发展传统钱庄业等具有借贷和投资性质的产业，这些产业共同构成了传统商业文化的内容，三晋之地形成了从生产到营销，再到信贷等完整的商业与金融业相结合的社会性商业文化体系。

晋商逐渐兴起的同时，在全国各地均有类似的以商业文化为中心内容的传统产业文化的发展，其中，更具有代表性和典型性的是徽商及其传统文化体系。

徽商，就是徽州经商者围绕徽州地区的社会生产与社会文化生活所展开的商品交易活动与所形成的商业文化内容、表现形式、经营理念及具有特殊地域特征的商业文化的统称。徽派建筑，就是中国历史上徽州人为解决居住问题而营造的民居建筑的统称，是中国古代建筑具有区域性建筑文化特征的一个建筑流派。徽商与徽派建筑有着天然和紧密的联系，徽派建筑集中反映着徽商的居住理念与建筑思想，它是徽商丰腴的经济基础及建筑实力的表现。

州，是古代行政区划中一级地方行政机构的名称。徽州的具体行政区划，在历史上比较复杂，西汉时期，寿春、合肥属于吴国的核心地区，吴王刘濞等七国反叛被平定之后，该地区又属于淮南王刘安的封地，"汉兴，高祖兄子刘濞于吴，招致天下之娱游子弟，枚乘、邹阳、严夫子之徒兴文、景之际。而淮南王安（刘安）亦都寿春，招宾客著书。而吴有严助、朱买臣、显贵汉朝，文辞并发，故世传楚辞。"② 可见徽州人杰地灵、物产丰饶、交通便利，工商业发达。

---

① （西汉）司马迁. 史记·礼书[M]. 北京: 中华书局, 1992: 1315.
② （西汉）司马迁. 史记·礼书[M]. 北京: 中华书局, 1992: 1329

徽州地跨江淮流域，北接齐鲁，西北与中原文化相接，西南和南部与楚文化相邻，东面是古越文化圈，人文荟萃。特别是大运河开通以来，这里成为交通发达的地区。

徽州地理环境条件优越，这为传统农耕业发展提供了丰饶的条件，徽州绝大部分地区地处亚热带季风区，少部分地区在北温带，江汉水系经过境内，水资源丰富，加之京杭运河通过境内，这为发展传统农耕业和运输业提供了天然的条件，故此，徽州农业发达，水上交通便利。徽州地区的农业和交通运输业为商品经济发展与繁荣提供着可持续发展的条件。

古代徽州自南北朝以来，农耕业、手工业逐渐发展起来，成为著名的粮棉产区与税赋来源之地，尤其两淮地区的盐税与其他商税成为国家财政来源的重要支撑。南北朝时期，北方战乱频仍，而江南相对安定，有利于社会生产发展、商业及文化繁荣。从南北朝开始，江南农业耕作水平逐渐赶上并超过中原及北方其他地区。北宋之后，江南在帝国宽松政策的影响下更是迅速发展，尤其南宋，尽管仅有江南半壁，但经济实力并不逊色。元朝进一步疏通了京杭运河，越发加强了江淮地区与北方经济的交互影响。江淮气候良好，土地肥沃，地形多平原，水系发达，便于耕作，历史上引进的农作物例如棉花等首先在这里实验性播种并获得成功。因江淮流域增加棉花种植，所以该地区很快发展了棉纺织手工业。这些均成为商业发展与繁荣的有利条件。因此，徽商经营的商品更加丰富多彩，而且贸易对象及市场开拓也越发广阔。

明代，在江南出现了有商业性投资的工场手工业，"机户出资"与"机工出力"的合作性质的手工业文化与商业文化相结合，产业助推了帝国南北经济的发展，尤其助推了"海上丝绸之路"的发展与扩大。

另外，皖南地区，自古以来就是农、工、商等数业发达的地区，徽商绝大部分集中于皖南，皖南也成为徽派建筑较为集中的典型区域，它集中代表了徽派建筑的最高水平，徽派建筑以山墙为特色，以青砖碧瓦（或黑瓦）为主色调，同江南四季常青的自然景色成为"永恒"人文与自然环境的构成色，不仅体现着区域性建筑的特色，也体现着徽派建筑的民俗气息。

就地理和人文而言，晋商和徽商不同，而且他们的生活内容和生活方式也存在着明显的区别，这可以从晋商和徽商住房建筑门板上的铺首衔环窥见一斑。不论是徽派建筑，还是晋派建筑，从西周时期就已经拉开了序幕。分封在各地的诸侯纷纷按照自己所在爵位设计与筑造自己的宫室。从富有伦理制度的建筑来看，能够反映每个时代建筑特征的便是位居上等社会阶层的贵族。然而，宋代以来，建筑特征及主流意识在进一步加强。

在以居住功能为目的的建筑营造中，寻常百姓之家的意识、思维和行为，人皆有之，故将之称作民居。而晋派建筑和徽派建筑仅仅是众多民居中富有传统文化内容、表现形式及特色的两个重要流派，它们是中国传统砖木结构建筑的典型代表，融汇了中华民族传统文化的精神素养及宗旨，在中国建筑史上成为民居建筑文化内涵最为丰富的、影响力最为深远的物质具体形态与非物质文化紧密结合的活化石。

民居建筑旨在解决人丁的居住问题，它既依托于一定的社会生产能力，又依托着一定的物质经济基础，还与特定政治意识形态相关联。就社会及家庭政治伦理而言，小农经济社会，人们以前厅后堂的形式构建了民居的基本形式，而在农业生产和农业经济相对发达的地区自给自足的农户解决居住问题，尤其它所表现出的特色及水准，也显示了地域性社会生产与经济发展的状况。一个地区的民居发展状况，也体现了社会文化阶层的文化特征。不论是晋派建筑，还是徽派建筑，商业文化的发达与富有商人的经济实力在建筑用料、工程工艺技术应用、建筑规模、建筑具体形制及质量等方面均有明显的展露。另外，富裕农户的民居也展示了小农经济的实力，是晋派建筑和徽派建筑具有文化层次性的又一个层次级别。此外，隋唐之后，尤其宋代以来，科举制选拔对象的扩大，逐渐促使农户向着"耕读之家"，甚至是耕读世家的方向发展，这样，在

"家国天下"政治意识形态影响下，农家子弟也同样胸怀"修身、齐家、治国，平天下"的志向而发奋读书。然而，中国传统科考制度却将商人及其阶层排出在外，于是，商人难以过问政治及关乎"天下"。为此，集中精力解决好生意问题与解决好衣食住行问题必然成为他们关注的焦点，这是晋商建筑与徽商建筑所共同拥有的志向及建筑表现方向。两者均在用自己所属的社会文化阶层中所应该执行的建筑伦理来考量自身的建筑营造内容，这是封建国家伦理制度共同的文化框架结构。总之，在传统社会，不论自然境况，还是社会环境如何异同，就建筑规范而言，各个建筑流派必然以共同的建筑特征为社会所认同。

所不同的是，晋派建筑和徽派建筑在风格特征上还是存在着鲜明的对比。以下就建筑门户及铺首衔环，对晋派和徽派建筑加以比较：

首先，与院落营造体系有着严密协调关系的是晋派建筑的设计理念及其指导下铺首衔环造型形制、取材内容及文化涵盖等，这些均指向院落封闭式的文化内涵，而徽派营造体系则是江南宜食宜居的二层或者多层建筑，这种建筑的形制相对灵活多变。

晋派建筑属于北方四合院形制，以平房为主，砖木结构，正房为坐北朝南方向，是建筑的主体，对面是南房，二者呈相对布局，左右配以东西厢房，正房的山墙两边可以再设通道式建筑单元，并与后院相通。另外，在北房的左右两侧也可以开设门廊，以便沟通左右院落，这样，晋派建筑就可以连成一片，成为一个满足族群居住和生活且符合家族伦理的民居建筑群，如乔家大院、王家大院等，便是一个个展示家庭伦理的家族居住及文化的庞大系统。与这庞大系统相比，铺首衔环是整个建筑中微小的一个部分，因此，在晋派建筑主旨中铺首衔环主要指向建筑的院落伦理（即家庭伦理）文化，但铺首衔环的标识作用不是主要的，也不是建筑设计文化语义阐释的焦点。徽派建筑，以栋或者幢为主要表现形式及形制，饮食、居住等重要活动及其理念主要体现在一个建筑的完整性之上，这种建筑形制具有很大的适宜性，或者单独成为独立的居家生

（左）图 3-11，（右）图 3-12

活环境，或者临街成为商店与居家生活一体化的建筑形制，即成为综合性文化的建筑形制。晋派建筑与徽派建筑在文化上存在的差异性决定了二者的铺首衔环呈现着不同的设计导向，晋派建筑的铺首侧重文化语义，内容丰富、形式多样、内涵深刻，呈现图案板式的结构形制，如图 3-11，而徽派建筑的铺首衔环则呈现标志性的雕塑式样，如图 3-12。

其次，主体文化导向不同所影响及制约的铺首衔环的造型形制也不同。由于晋地长期以来是以西周伦理政治文化为历史渊源及文化背景的，西周文化重体制，重出身，重地位，重名分及重视传承。在发展中还逐渐形成了重视门第，重视名望的主导文化内涵。故此，晋商文化是小农经济意识主导下家庭经济文化的延续，即以人脉衍生和传承为核心的，它的内核是家族，乃至宗族型的经济文化，有关这一点，直接表现为建筑形制及布局所构建的院落文化及群落式营造理念。总之，晋商文化是以家文化为基础及基本形态的族群文化的延续与发展。而徽商文化则是交易性的文化，甚至是商业品牌式的文化，其核心内容是以商品及其价值为内核的，是商品经济时代的代表性和典型性文化。这必然决定着两种建筑的主旨、理念、造型结构及形制，以及用材用料与工程工艺技术等诸多方面的相同性和差异性，故此，代表晋商居家理念的晋派建筑及其铺首衔环与代表徽商经营理念的徽派建筑及其铺首衔环，在造型形制上基于趋同性基础又具有鲜明的差异，如图3-13，3-14。

再次，晋、徽两派铺首造型形制及取材、筹划、设计与制作既有联系，却也存在明显的区别。在中国传统文化丰富的内容和表现形式中，晋之源远流长的历史文脉及深厚的积淀，促使基于晋文化背景的商人及其商旅生涯具有儒家文化的内涵——基于小农文化生活的价值追求，它所秉承的经营主旨是发家致富，以期望生活富裕，憧憬"吉祥如意"，"福禄长寿"，"子孙满堂"，乃至家族兴旺发达，如图3-15，3-16，3-17，3-18，3-19。

作为徽州建筑流派的营造者，徽商的经营主旨是在商品经济市场竞争中获得更大的

（上）图3-13，（下）图3-14

图 3-15，图 3-16，图 3-17，图 3-18，图 3-19

经济利益，所以，徽商在经营中特别重视商品的价值，侧重商品品牌的内涵建设及商业文化的形象与商业价值的最大化。如此，他们在铺首衔环的设计与制作中侧重反映铺首的立体造型特征及形制，以及具有标志性的商业文化符号学语义。

在造型形制设计与构建理念上，晋派建筑与徽派建筑的铺首衔环存在着明显的差异性。晋商十分重视铺首衔环与门板乃至建筑物本身的有机构成关系，有不少晋派民居将看叶、门钉与铺首衔环有机组合在一起，铁皮看叶不仅保护了门板，也营造了一种整体氛围。如图 3-20，3-21。与之不同的徽派建筑，则将铺首衔环独立设置在门板之上。

（左）图 3-20，（右）图 3-21

3.3.2 晋、徽铺首材质比较

中国传统建筑，一般采用石材作地基乃至墙体，制陶业不断发展的过程中，砖、瓦等陶质材料被纳入建筑材料体系，这样，中国传统营造材料，以石为基础，以砖及瓦和瓦当，与各种木材料等一并构成建筑材料及结构体系，故此，中国传统建筑被称为"砖—木"结构，或者"砖—木—石"结构建筑。事实上，在中国建筑材料及装饰工程工艺制作体系中，还包括金属（金、银、铜、铁、锡等）、油漆、涂料等，这些材料有的在建筑主体上起着结构结体的作用，有的则在表面起着防腐、防晒，或点缀、装饰及美化建筑物的作用。

（左）图 3-22，（右）图 3-23

晋派建筑的铺首衔环主要采用铁质材料来设计制作门钉、铺首衔环、看叶，甚至采用铁皮将门板包裹起来，如图 3-22，3-23，与铁制的铺首衔环一并构成门的整体视觉范畴，即视觉形象。

晋派建筑和徽派建筑在材质上，既有相同之处，又有明显的差异。晋派建筑中的铺首衔环多采用铁，而徽派建筑的铺首衔环在用材用料方面较多一些，经调查发现，徽商突破了传统社会伦理政治的限制，既采用铁，也采用铜作为铺首衔环营造的材料。铜和铁在中国，乃至世界文化史上具有不同的时代特征，甚至不同的时代文化属性，铜经历了红铜时代，青铜时代等，而铁是传统社会生产力的象征，在文化史上称作铁器时代。在中国文化史上，青铜时代的铜作为社会文化的标志，在生产和使用上受到严格的限制，它仅在士阶层中流行使用，其他文化阶层禁用，这是由中国社会的伦理制度决定的。

3.3.3 晋、徽铺首装饰比较

装饰，是对各种营造器具、器物进行有意识、有目的、有过程的点缀、修饰和美化，美化之时遵循它与物体中的整体结构关系。中国传统建筑十分重视装饰的应用，诸如被誉为三雕的"砖雕、木雕、石雕"，均是在建筑装饰体系中形成的建筑装饰配件。从整体形象看，铺首衔环的装饰主要表现在纹样样式与各种文化符号元素相结合上，既表现出装饰的视觉性内容及其对应的形式，又表现出视觉主体审视之后的语义解析。

晋派铺首装饰体现在与门、看叶及门钉的有机构成中。在晋南门饰中，门钉是一大亮点。传统社会伦理制度中，爵位制、等级制与特定的数字存在着特定的关系，《周礼·春官·典命》曰："上公九命为伯，其国家、宫室、车旗、衣服、礼仪皆以九为节；侯伯七命，其国家、宫室、车旗、衣服、礼仪皆以七为节；子男五命，其国家、宫室、车旗、衣服、礼仪皆以五为节。"另外，《何修解诂》载："礼祭：天子九鼎，诸侯七，卿大夫五，元士三也。"还有，在饮酒及酒具中，青铜器中还有"五爵"，即爵、斝、角、瓿、觯，形成的"五"，与"九"合而为"九五"，是为最高礼制，只有王才能配这个数字，称作"九五之尊"，除王之外，其他人用之，都被视为"僭越"。王如果被迫不能用"九五"体制，就视为失节，以下如此类推，凡是被迫不能使用爵位规定的礼制，就视为失节。但令人不解的是，作为平民百姓的晋商，他们民居的门钉，却远远超越了这个用数的礼制，例如：丁村建筑22号院门钉竟然超越了八十一颗之多，门匾"易居"门板上镶嵌着大小门钉八百余颗，它的存在显然不是显示数字语义，而是将门钉作为设计元素（或者单元）来运用。门钉被排列成团寿、香炉、万字、宝瓶等图案，同为丁村，11号院的二门采用纵向两排排列，约六百多颗门钉结合看叶排列出团寿、云朵、蝙蝠等吉祥纹样。总体而言，晋派民居虽然使用门钉，但其形体不比官家的立体，大小也远不及官家门钉的体量，在封建礼制下，晋商民居建造者回避封建礼制的核心，将门钉巧用作装饰，使之既具有传统建筑语义，又不违背传统礼制，这不能不说是一种政治高压下的创造性设计意识及行为。

门钉在晋派建筑中的普遍存在俨然已成为一种地缘文化，但具体到各地，其装饰语义仍有着鲜明区别。在晋中榆次一带，常常多以门钉组成如意图形，反映对事物发展的一种称心如意的美好愿景，如图3-24，3-25。在晋东南地区，人们将铺首衔环上的门钉设计制作成一种传统行政、军事上采用的令牌的造型形象，而在晋东南丁村的门板上则排列成一把巨大的"宝剑"，倒插于门槛之上，如图3-23。在中国文化语义中，宝剑之中的"剑"属于刀的释义范畴，《说文》曰："人所带兵也。从刃，剑，籀文剑从刀。"刀，释义因功能不同，故名为，菜刀、屠刀、砍刀、柴刀，而宝剑则是维护正义且祛除邪恶的利器，人们将它视为镇邪之宝。丁村人用宝剑来装饰门户，有镇邪之意。

（左）图3-24，（右）图3-25

（从左至右）图 3-26，图 3-27

　　"钉宝剑"为装饰之用，在丁村有两种造型，一是纵向排列，一是横向排列。在纵向布局中，门钉在两扇门中分别各设置一半，分开自成图形，自有语义解释，合而为一，成为第三个图形，自然有更大的一番寓意解释，如图 3-23。宝剑的造型形象，因门而异，或长，或短，或宽，或窄，又因门钉排列的疏密而出现不同。此外，还有一例十分特殊，门板两扇，整体门板的造型限于拱券式的门洞造型之内，门钉之多可为晋派建筑之最，全部用铁皮包裹，在每扇门上都由较大的门钉分割成十个区域，而每个区域中整齐排列着密密麻麻的小门钉，以之烘托着铺首衔环，如图 3-28，这种装饰并不常见，门钉从根本上说，已经不再发挥其功能，但门钉的排列十分工整有序。总之，门钉的装饰设计在晋派建筑中发挥十分成功，既反映了设计制作者的社会韬略，也反映着设计与制作者的智慧。

　　当然，门饰里除却门钉，装饰更突出的表现，还是集中于铺首衔环。

图 3-28

在晋派建筑的铺首衔环设计中，既有共性特征，又有个性特色。就丁村所在区域而论，大抵在一扇门和两扇门上布局，分别在院（落）门、房门（进入房间的主门）、家门（室门），一般地，院（落）门、房门（进入房间的主门）上双扇门，铺首衔环设置在两扇门交合的边缘区域，一边设置一个，每个单独成型，再以两扇门的开合线呈对称分布，如图 3-25，有的则是一个图形，开启后分别在两扇门之上，也就是一扇门上半个图形，关闭门之后，即合则为一个

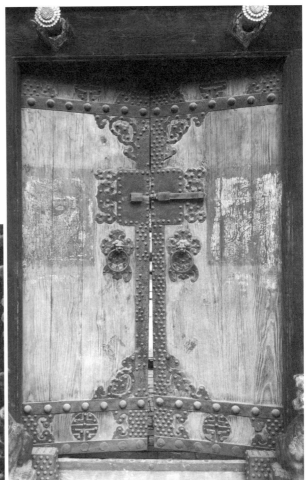

（左）图 3-29
（右）图 3-30

完整图形，如图 3-27。

　　晋派建筑的铺首衔环，或简易朴素，或繁复多样，常常是内容、形式及语义高度统一，内容有花卉、蝙蝠、如意、兽首，以及花瓶和铜钱等，每种内容与图形形象相匹配，语义和谐，例如，瓶式铺首，取其平静、和平之意，如图 3-29。此外，如图 3-30，还有一类将铺首与门钉、看叶等结合门板一体化设计，视觉效果完满，语义更加丰富。

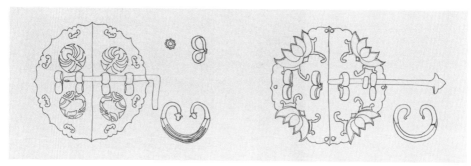

图 3-31

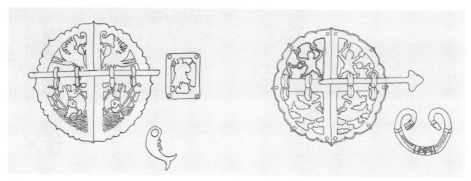

图 3-32

　　与当地民间艺术剪纸的形式相似，晋派建筑的铺首更像是在铁板上完成的剪纸纹样。造型装饰多采用透雕的方式，去完成一个个完整的具有层次感的视觉造型形象，其内容不止于吉祥文字、植物纹样，还包括民间忠孝故事、古典小说等，这类铺首衔环造型设计严谨，工艺制作精湛，在晋东南村落中尤为常见。如图 3-31，3-32，这些来自于高平的门铺手绘稿，其内容不仅涵盖老百姓祈福愿望的"福禄寿喜"等纹饰，还将民间传说、历史故事、门神、文字、生活场景等雕镂进铁质"铺"里，苏庄的这些门铺将潞泽商人"耕读传家"的概念很好地诠释出来，世代相传。如在沟底巷 1 号饰片中"精卫填海"的传统故事演绎；东陵上院大门（鱼戏于莲间）穿插巧妙、生动；将"铺"用铁片镂空的门神来替代（正街 21 号）；西游记主题表现在西三巷 6 号；沟底巷 1 号的训子图也是惟妙惟肖地向后世传递做人的道理。

总而言之，晋商民居的铺首衔环虽然多为平面，但其装饰性极强，题材、形式多样，装饰也各怀寓意，隐现结合，藏露结合，若明若暗。

图 3-33

与晋派建筑的铺首门环相比，徽派建筑的铺首衔环，也同样具有十分明显的特征。晋、徽门铺结构不同，结合徽派门环叩门时接触到的并不是铁皮而是木板，故无法发出清脆叩门声的原理，徽派铺首衔环的门钉承担着接触门环的功能性作用。首先，徽派门饰中门钉鲜见，但用在恰到好处，如图 3-35，3-36。不难发现，一环仅配一钉，不仅要求

图 3-34

（左）图 3-35 ，（右）图 3-36

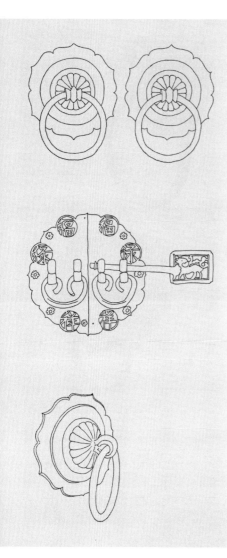

图 3-37

该钉具备一定的高度，而且形体也还是讲究的。结合在整体门饰之中，徽派建筑的门钉采取"藏"的手法进行巧妙处理而不被看见，在这一点上，它与晋派完全不同。总之，在铺首门钉的设计上，徽派建筑的关注点不在其装饰，而侧重在门钉的实际功用之上。

至于铺首衔环的造型形制及视觉审美主旨方面，徽派建筑更注重其自身独立的文化语义的诠释。

徽派建筑门铺的基本形多为圆形、方形、正六边形，门铺多设置一处凸起的半球体，最高处用一双耳配件连接门环与门铺。这样，徽派铺首衔环在空间布局上就形成了一个立体的视觉造型形象，门环也因凸起于门板拥有更大的活动空间。如图 3-37（中），这与 3-37（下）的晋派建筑铺首衔环的平面造型完全不同，为徽、晋派建筑的铺首衔环的较大差异点之一。

徽派建筑的铺首衔环相对单纯简洁，不类晋派建筑铺首衔环多有配饰，这是两个建筑风格在设计理念及主旨方面的根本区别所造成的。然而，徽派建筑铺首衔环的单纯并不是单一，它精彩的焦点，是在同一种造型形式中寻求多变，如图 3-38，3-39，3-40等，均不是在千篇一律中模仿，而是在变化

(从左至右)图 3-38,图 3-39,图 3-40

中求得风格的统一。十分明显,这三种铺首衔环属于"如意"及"祥云"组合的"如意花"的基本造型形象设计,但不同的是:图 3-38 采用了圆形适合纹样形式中的不同元素或者单元分割的方式及方法进行设计;图 3-39 则采用了圆形适合纹样中心发散叠加旋转的形式进行设计;图 3-40 用了相同元素,即如意花的叠加与渐变相结合的方式进行设计,并且在图形设计中又对如意花进行变形加工,然后,在与第二层次如意花造型的衔接中建构了一个凸起形的造型实体,在凸起的半球体和相对平面的最底层之间,添加了一层与门板成 45 度角的小号如意花瓣,用双层花瓣对中心部位的近半球体进行拱卫,再结合连接衔环和插门栓的"八字型"配饰,一个完整的生动立体的铺首衔环便形成了。以半球体为基本造型并走向立体式的铺首,是徽派建筑的一大特色。

在徽派建筑长方形基本型的铺首衔中,设计的理念优于装饰的目标。徽派建筑注重形式感的统一,这是中国传统建筑的风格之一,它基于中华民族的"天圆地方"文化创造理念,在"圆中见方"和"没有规矩,不成方圆"的人文规则中形成了方形规矩,并将之用在建筑的基本形制之中,从房子的基本型到墙体，再到门窗，最终到门板及铺首衔环等，一并成为徽派建筑统一的形制特色及风格。徽派方形的铺首衔环，首先与门板的方形形成了造型形象的统一。其次，在具体造型设计中仍然以多变的手法为表现形式，并与设计的内容形成一个完整的造型形象，来呈现和展示徽商对于建筑文化的阐释。

徽商民居的正方形的铺首与晋商民居铺首的平面造型存在异曲同工之妙，如图 3-41，3-42，3-43。在徽派方形铺首衔环的设计及表现中，人们可以清晰地看到对于"回"字及其语义的隐含，一是门板与门框的关系，二是门板与门铺的关系，三是门铺中平面与立体凸出部分的关系，四是铺首与衔环的关系，真可谓环环相扣，让人回味无穷。

（左）图 3-41，图 3-42，图 3-43

（左）图 3-44，（右）图 3-46

　　在徽派的铺首衔环设计中，借用与发挥的设计也极为常见。图 3-44 采用了道教中的八卦造型为基本型，八卦就借用线段组合及拱卫的形式构成了一个近圆形的造型形象，而铺首衔环则是在其中心部位附加了一个近似半球体的部分，跟众多徽派门铺一样，再装置了一个与衔环和门闩相衔接的八字型配件，这样，一个体现道教文化语义的铺首衔环便出现了。图 3-46 则采用了孔雀纹饰为造型的基本单元。孔雀是十分珍贵的一种鸟类，在中国传统装饰文化中很早便被用来作为装饰题材。孔雀纹饰在中华民族装饰纹样的发展史上有着极其重要的意义，它的演绎过程也十分复杂：最初的凤纹受到孔雀及其羽毛的启示，凤凰的传说，与孔雀有着渊源关系，作为中国传统纹饰及其演绎，孔雀及其羽毛具始祖意义：在中国古老的装饰纹饰中，最初的形制是夔纹、龙纹、凤鸟纹、象纹、龟纹、蝉纹、窃曲纹等纹饰。这些纹饰常常与具体的造型结合起来，在玉石雕刻上应用，并形成纹饰便是器形的工艺制作理念及具体表现；西周以来，随着分封制出现，社会阶级阶层与生产及生活结合起来的爵位制度，严格规定了生活的等级制，某些材料及纹饰只能在特定的文化阶层中使用，而其他阶层禁绝使用，这便是漫长的社会礼制的延续。东汉时期，出现了四个方位的纹饰，即"东青龙，西白虎，南朱雀，北玄武"，其中，朱雀纹就是由孔雀纹饰演变而来的，如图3-45。但是，作为纯粹的孔雀图案，在传统装饰文化语义中，也是根据社会伦理来布局的，寻常百姓是禁止采用这种纹饰的。不难发现，徽派建筑设计也巧妙采用隐和藏的手法，将之运用在铺首衔环的造型之中。

图 3-45

3.3.4 晋、徽铺首工艺比较

战国以来，各地冶铁及铸造、锻打、焊接等工艺技术相继发展，不仅在社会生产力发展方面有着极其重要的价值和意义，而且开辟了新兴的社会生产领域，它在扩大手工艺生产方面既开辟了工艺技术的新领域，又发现了自然界物质向着社会转化的新材料，乃至新的形态，它的具体表现形式及相关的内容，在全局意义上促进了生产的改观与生产力的整体提高，最直接地影响到人们的社会文化生活，为社会生活带来了新变化，具体说，在社会生产领域中不仅冶铁技术与制造技术成为新生产领域中新技术的代表，而且，在其他各行各业中也采用铁制工具进行生产，促进了生产力的提高。在人们的生活中，铁器也逐渐部分地，或者全部地替代了陶、青铜等其他材质的器物、器具及各种劳动工具，成为生活领域中的主流用品。此外，铁制兵器用于战场，也加速了冷兵器时代的快速发展。于是，一个全新的文化时代形成，历史上将这个普遍生产和使用铁器的时代称作铁器时代。随着采矿业、冶炼业、铸造业及手工制造业等全面发展与整体推进，铁器、铁制品配件逐渐出现在各行各业，这样，铁制器物与混合材质的制品，包括生产工具、器物、器皿等越来越普遍。在建筑营造行业中，除铁制的生产工具、设备之外，建筑物的配件也很多都采用了铁制品。

建筑，主要解决的是人们的居所问题。人们最早休眠在岩洞中，躲藏在地穴中，隐蔽在依托森林树木搭建的框架中……岩洞、地穴、框架等便是最终体现建筑的范畴。从原始建筑意识到建筑行为的零散性爆发，乃至最终出现真正的建筑，人类走过了艰苦的探索岁月及实践之路。

中国建筑从原始森林和原始洞穴走出，平地筑造逐渐成为主流。最初用料是杂草、木材、各种自然石材。随着人们征服自然与改造自然能力的逐渐增强，其他人造材料不断加入到建筑营造领域。制陶技术的发展，逐渐拓展着建筑的材料范围。陶制的上、下水管、砖、瓦等先后问世，建筑中石、木、砖、瓦等逐渐成为主要的建筑用料，围绕这些材料形成了石料打凿及雕刻研磨工艺技术、木材加工制作技术、砖瓦制作技术，从材料采掘到材料加工，再到材料的充分利用等形成了一整套营造工程技术。毫无疑问，建筑工程及其所围绕的事物等一并成为社会生产与社会生活的综合性文化领域。而铁制品的材料采掘、冶炼及成形技术等也同样加入到建筑领域中，进一步丰富了建筑文化的范畴。

铁制品在建筑领域中应用，以零部件形式出现，它的功能是基于铁的化学、物理性质及工艺性能决定的，如加固门窗的铁三角、铁箍等，而铺首衔环是作为建筑物门板的配件出现的。作为建筑物门板配件的铺首衔环执行开合任务，是人与建筑物交互之首选，随着人与建筑物接触频率的变化，它的工作频率增减，对于铺首衔环寿命长短、审美需求等方面的考量也直接影响到铺首衔环的制造。据建筑物发展状况来看，铺首衔环最初采用的材料是木材、石材及青铜材料，但就铺首衔环工作的机械原理而言，它需要耐磨性、耐久性强的材料及对应的工艺来完成，也就是说，铺首衔环需要物理性能足够强的材料来充当造型材料，以显示它足够承受拉力，最终延长其使用寿命。在铁器时代，铁较自然材料易得，冶炼温度及工艺难度系数相比青铜容易，并且，其物理性能以柔韧性好过著称于当时的石材、木材、砖瓦等其他各种材料。因此，铁成为设计与制作铺首衔环的首选材料。

铺首衔环的工艺，包括在整个建筑装饰体系中。它试图从建筑构件的每一部分做起，将建筑局部构件的设计与制作，同建筑整体有机联系起来，在宋代被誉为营造。营造，作为传统社会解决人之居住问题的重要活动，不仅与劳动创造相关，而且与社会政治、经济、思想意识、宗教信仰、民俗等关系紧密。明清时期，中国建筑形成了以砖、木、石结合的结构形制，以反映社会政治伦理为根本规范的营造法式，而晋派建筑、徽派建筑正是这种建筑状况的反映。即便如此，由于地域文化之故，晋、徽派建筑有着鲜明的区别，晋派建筑反映了中国传统小农社会家庭经济文化的繁荣状况，而徽派建筑所反映的是工场手工业与商品相结合的社会经济繁荣的状况。就门铺而言，晋派建筑的铺首衔环多采用铁制，而徽派建筑的铺首衔环，以铁质为主，还兼有铜等其他材质。不同材质的铺首衔环，不仅制作工艺不同，而且与自然和人文相结合的文化效应也不尽相同。

晋商民居的铺首衔环，借助晋在传统铁器时代的优势，凭借娴熟的铸造、锻打等工艺技术，再加之铁匠的个人智慧与他们所拥有的技术技巧，将铺首衔环制作成各种各样的造型形态，功能适合，惟妙惟肖。从战国时代开始，铁器

图 3-48

作为中国传统社会生产力的标志，包括铁工具及各种生活器具等在社会生产与人们生活中普遍利用，已经具有了千余年的历史，直到明清时期，铁器随着社会跌宕而变化，逐渐渗透到社会生活的各个领域，制作工艺最为成熟的标志，就是铁画。"铁画，又称铁花。它以低碳钢为材料，依据画稿制成的一种装饰画……铁画要用铁片经过剪花、锻打、焊接、退火、烘漆等多种制作手续。制出的铁画，苍劲有力，古朴大方。"[①] 显而易见，明清之际，有关铁器制作工艺及创造性表达已经达到工艺技术与艺术审美的高度结合。

明清时期，位于山西上党的荫城，周围 130 个村庄村村有铁户，户户有铁匠，晋商中的潞泽帮因此得利，冶铁铸造技艺开始出现专业化的分工和发展，得到前所未有的发展。另一方面，随着户籍制度的废除，清代工匠身份的变化，也大大推动了手工业的繁荣。随着家庭手工业的兴起，以及当地优越的制铁条件，上党铁匠心态得到极大的放松，个人价值感大大激发了他们的艺术创造力，这就形成了晋商门饰中铁艺装饰的高峰时期。

---

① 田自秉. 中国工艺美术史[M]. 上海：东方出版中心, 1985:323.

细观晋商门饰，除了铺首外，铁制的看叶、门钉、门簪等配件已成为极具特色的地域装饰件，仅门钉一类，就有很多尺寸、花色、型号可供选择。为保证门簪移动中不撞上木制门体，一些门饰专门制作了雕刻有吉祥语义的铁片安装于铺首的一侧或两侧，如图3-47，铁质铺首及配件主要运用镂空、刻线的工艺加以装饰，但在线条的流畅度和形体的审美表达上均可圈可点。借此工艺，晋商的吉祥寄愿、耕读家风，以及他们所喜闻乐见的文学故事均从纸上跃于门上，广为流传。

　　晋东南一带的门环更是不可多得，它将龙蛇造型融入如意形门环中，塑造出极为生动的各类形态，有龙头小兽，口含龙珠；有的大张嘴口吐舌，精神抖擞；有的俏皮，有的可爱，有的威武，更有工艺罕见的，如图3-49，三角形脑袋的小龙，小嘴微张，拥有黑亮且突出的眼珠，已成功完成不同材料的镶嵌工

图 3-47

艺。这足以见得当地铁艺匠人不仅在材料处理上技术高超，而且造型能力和创造能力都已经达到相当的高度。

徽商民居的铺首衔环是借助江南发达的手工艺生产、凭借商路经济的优越条件发展起来的，它与晋商民居比较，存在明显的区域差别。晋商民居的铺首衔环因为其造型形制呈平面状，"铺"的形体以片状出现，故而较薄，在制作中多采用锻造技术，并辅以切割和镂空工艺。徽派建筑的铺首衔环多选材铁质，也有部分选择锻打、镂空、嵌线等工

图 3-49

艺。结合徽派铺首形制立体多层的特征，徽派的铺首打造也有多类分层部件供选择使用，这给予徽派铺首更为丰富的创作空间。

虽然不如晋商民居铺首衔环的装饰内容丰富多样，徽派建筑的铺首衔环以其立体造型和精细的工艺取胜，在局部的设计上，也是特别用心。如：在连接"铺"与"环"的"首"部位，有的添加兽首，有的添加铜鼓，有的加上植物、云纹等，环的处理上也区分为圆环、方环、扁环，竹节环等等，有的门铺甚至是铁制和铜质的组合。历经岁月的洗礼，现存铺首衔环里，铜质铺首仍然保留着严谨的制作痕迹，足以见得徽商民居的建造者是多么虔诚和认真，并拥有良好的工艺水准。

总之，在晋、徽派建筑不同的文化范畴中，铺首衔环具有鲜明的差异性。它们的制作，同样采用金属材料，工艺却不尽相同。

第四章

阐释与归纳：比较视野下区域审美文化分析与形式提炼

建筑是以人及人本主义为核心的空间构成形式，既是实用性的综合性文化范畴之一，又是综合性的实用性审美范畴之一。就建筑的发展历史而言，建筑的内容、形式及各种要素等所构建的综合体，是以汲取、剔除、继承、积淀乃至转换的方式实现的。建筑因地域、时间及人文等要素而不同，各种要素的不同使建筑在内容、表现形式及特征、风格等方面出现了明显的差异性。中国传统建筑及流派因各地地理环境要素与人文要素的差异性，形成了鲜明的地方特色，例如北方的四合院，南方的楼阁，西北的窑洞等等，均是这种种因素的反映。晋、徽商居建筑是中国传统建筑中既有联系和相同点、又有明显区别和不同点的两个建筑流派。

　　晋派建筑所在的三晋大地与徽派建筑所处的江淮流域，既有着共同性，也有着各自鲜明的区域性、民俗性特征。但更多的是，这些区域性建筑总是以符合中国传统建筑发展思路并具有自身演变过程及路径的方式继承、发展，乃至衍生的，中国建筑源自洞穴和楼阁式的框架，这是中国传统建筑材料石和木由来已久的天然源头。另外，随着新石器时代陶器生产制作规模的扩大，主要是原始城市建筑的发展，陶制水管、砖及瓦等建筑材料先后发明、出现，并参与了建筑的营造，于是，在建筑体系中，逐渐形成传统建筑的石、木、砖基本材料及结构方式。显然，石、木、砖的加工与制作均有各自的一整套工艺技术，但作为建筑工程工艺技术体系，对于石、木、砖构件的形制、功能、作用、价值及意义，必然产生一一对应的造型形制及语义要求。就建筑工程工艺技术而言，各种材料的格式构件，存在着制作工艺上的差异，比如同样是石质材料，用于地基的、用于柱子和用于栏板的石质构件，便有着不尽相同的制作工艺技术，大凡砸、打、雕刻、镂空、磨制，甚至精雕细作，均因局部性构件在某个具体建筑中的地位及功能而明显有别，其中，地基之石与栏板构件相比，就没有必要精雕细琢，而栏板则不然，对于它的制作，不仅需要磨制，而且还需要精雕细琢，甚至镂空以使之通透。总之，在建筑中，因构件的不同需要，需采用不同质地的材料与采取不同的制作工艺技术。

铁制的铺首衔环是人与建筑物相互融通的首选界面，人们首先从视觉上识别它在建筑物中所处的位置，因此，铺首衔环必须具有一定的造型形象与一定的色彩、肌理和质感，只有这样，人才能准确地认知并找到它的位置。从视觉生理学的角度看，对于铺首衔环的识别，是由该物对人的视觉产生特定刺激而引起的，而刺激人视觉的因素包括自然界的客观存在物——就是环境构成的基本要素，由非生命体的石、土壤等与具有生命意义的动植物以及人工造物等的组合，故此，人在识别环境各种物质及其具体形态时，容易受到具有特殊材质、色彩的造型形象的有效刺激。

生活在三晋大地的人们与生活在江淮流域的人们所处自然环境不同，各自创造的民俗文化生活的内容有别，造就了两地建筑的区域性特征分化。作为传统门饰的铺首衔环，其设计、制作及构成的演变历史，一方面须严格遵循中国传统礼制文化，另一方面也依据建筑所处的自然环境及人文内容、表现形式而逐渐丰富，体现为一种民俗性居家文化。晋、徽商居建筑由所处地理、人文环境不同而引发了包括铺首衔环在内的各种细节差异。

4.1 铺首衔环在建筑文化中的艺术范畴及审美要旨

建筑，虽然以最终实现实用性功能为主要目的，但在过程与结果及随后的可持续分享中，给人所带来的作用、价值及意义，是丰富多彩的，它在竭尽所能地为人解决居有定所的同时，还能为人们的其他各种活动带来更多的裨益。

4.1.1 以铺首衔环为中心：晋、徽地域特色与民俗文化艺术的分析与阐释

铺首衔环，既是建筑门饰上的功能性构件，又是具有多种文化语义的装饰及审美造型形象，更是彰显建筑物主体经济生活及文化价值的重要标识之一。

在建筑文化功能体系中，铺首衔环首先是具有识别作用的有效构件，它标识着建筑的属性（建筑物使用主体的所有意识及其为建筑物所规范的概念），直言之，建筑物是乔氏之家，还是王氏之家，在铺首衔环上就能区分出来；其次，它是人与建筑物交互的首选，人使用铺首衔环来开启和关闭建筑物，进出于建筑物内部，其文化功能除基本功能之外，还有其他丰富的文化语义及价值和意义。

源远流长的建筑及文化史与明清时期复杂的社会状况，使得晋派建筑本身蕴含了更加复杂和丰富的民俗文化内涵。晋，或称三晋，周朝初年，该地区的唐叛乱，周公平定唐后，周成王将"唐之属地"分封给其弟虞，而后，虞子燮改唐为晋。晋国是西周诸侯国中的大国之一，从西周初期开始历晋文公争霸诸侯，魏、韩、赵三家分晋，直到先后为秦所灭，共历六百余年，由此奠定了三晋文化的基础。晋祠中保留了唐叔虞为纪念母亲所建的祠堂，晋祠也因此得名。　秦汉之际，三晋之地依然是国家重要的军事重地，尤其在抵御匈奴之战中，起着至关重要的战略作用，公元前 200 年，汉高祖遭平城白登山之围，平城即山西大同；公元前 119 年，汉武帝命令卫青三路出击攻击匈奴，定襄便是战略支撑之地。南北朝时期北魏在此成就帝王之业，建都平城（今山西大同），由此奠定了北魏发展及统一黄河流域的基础。公元 618 年李渊父子起兵太原，开创大唐帝国 289 年的基业。

五代十国之后，宋、元、明、清各朝，三晋之地仍然是国家战略要地。北

宋时期，晋北成为抵御辽、金的军事重地，晋西则是防御西夏的军阵前哨。总之，不论是战争时期，还是和平时期，三晋之地总能显示出其重要的战略价值及政治地理意义。

在民族发展及文化融合上，三晋大地也书写了华彩的篇章。孝文化是中华传统文化的核心之一，晋祠奠定了孝文化成为三晋传统伦理文化核心的基石。

三晋大地，晋南气候温暖，降雨量较为充沛，农业和商业发达；而晋中有汾河流经，汾河平原土地肥沃，灌溉系统发达；晋北直通北部草原，黄河流经该地区，故而水草丰美，农耕业和畜牧业兼顾。由此奠定了三晋大地农业、手工业和商业三业并举的基础。晋商及其主要文化特征，就是基于中国传统农耕和手工制造业基础上发展起来的商品经济。传统家庭经济建立之初，就诞生了以男性血统为宗脉的宗族宗主制度，国家法律意义上更加强调了男性的家长及族长地位，这是家庭伦理的基础。组织形式是以男耕女织为生产生活模式，文化内容分工为：男性是家庭劳动的主力，肩负着耕田生产的任务，也是家庭文化教育的教师乃至教育长；而女性（母亲）肩负着"相夫教子"的家庭责任和义务，是家庭手工艺的主持者及传承者，所谓"女红"，就是以母亲为教师的家庭手工业生产形式。此外，维持家庭生产和生活正常运转的，还包括少量的商品交易。就这样，在小农经济社会，在一般性国家正法中允许小农家庭进行农、工兼顾的生产及商品贸易，这就给个别富裕家庭从事正当的商品贸易奠定了法理上的基础。

自然地，在传统文化逐渐发展与积累的小农经济社会形成了以家庭、或家族为基本单元的家庭经济生产与生活相结合的组织形式，在此基础上展开各种生产、生活及交流活动。

山西亘古就有稼穑之乐，也便有了独特的饮食文化。晋人以面食为主，各种杂粮品类繁多，诸如荞麦、莜面、高粱面等，面食种类更是数不胜数，馒头、大饼、手擀面、刀削面等，应有尽有，各具口感及风味。此外，山西因为地理气候之故，醋，成为当地饮食文化中的一大特色。总之，山西的饮食文化自成体系，底蕴深厚。

山西，人文渊薮，最为著名的襄汾丁村遗址，如今还保留着丁村人耕作、饲养家畜、捕鱼行猎、筑建居所、寻觅衣着的场景，他们揭开了向人类文明迈进的第一步。服饰的演进，是人类从动物界分离出来的重要步骤，衣服既可以防晒、防寒及驱蚊辟邪等，又可以给人以伦理秩序的规范，给人遮羞、尊严以及美化。在长期的探索性劳动创造中经过不断积累，晋人衣着既有古人遗风，又有传统规范，更有地域特色。养蚕、种棉、织布及利用动物皮毛等用于设计与制作服饰来美化生活和美化自身，成为三晋大地的优良传统文化之一。在区域分布上，各地的服饰文化还是有着明显区别的，生活在晋北的人们自然与草原文化有着密切的关系，皮毛衣装及服饰自然成为他们冬日的首选之物。同样，为了御寒，晋人衣服中有坎肩、肚兜等，这些相对独立的配件性衣物，自然带着地方性特色，也是民俗文化生活的重要内容。另外，尤其体现山西服饰文化民俗色彩及审美意义的服饰，还有老年人的毡帽、小孩的虎头鞋、姑娘的荷花包、家庭主妇的针线包、老妇人的裹头巾等，这些服饰均与山西传统刺绣密切相关。山西民间刺绣颇具民俗特色，是区域文化和民俗文化的典型代表。

建筑文化与其他文化的有机结合及完整表现，构成一个完整的民俗文化体系，民俗文化生活的经验及习惯表明，衣、食、住、行、用等样样齐全，才能生活得幸福美满。

人们日出而作，日落而息，息有定所，住所即为劳作之后的栖息地，是养精蓄锐的固化场所，是建筑的重要组成部分。但各地地理、气候及风俗不同，决定了各地人文居住建筑风格互不相同，精彩纷呈。黄土高原的地理条件与气候条件使山西人民形成了住窑洞的习俗。晋派建筑就是在这样的环境中出现与形成的，既具有共性，又具有地域性和民俗性的个性及特色的建筑文化。

综上所述，民俗文化既有共性，又自成体系，它将人们的衣、食、住、行等全部结合起来，成为一个完整的文化体系。铺首衔环虽然仅仅是这个文化体系中微乎其微的一个点，但它的闪光之处，就在于它被巧妙地融入到这个体系中，并与其他构成要素进行有机的磨合，成为可以被整体感知、接受及体验的一部分。这种体验是全面的，它从文化范畴及其属性的认知开始，通过逐渐感受与体验最终得到情感升华。

在建筑历史文化演变与明清时期江淮流域所处的社会环境等复杂因素的交互影响下，徽派建筑的铺首衔环成为具有普遍理念又独具表现形式的建筑构件。

徽州，处于江淮流域的中下游地区，但它的文化影响力却远远超出了地理文化的语义。

殷商时期中央王朝的经济、政治中心区域在中原，其后，崛起于渭水流域的周部落灭商建立了周王朝，其经济、政治、军事、文化中心在关中地区，江淮流域自然不属于其核心区域。秦汉一统，秦享国之日浅，汉初采取分封制，江淮一带先是为韩信、英布等异姓诸侯之地，后又成为吴王刘濞（汉高祖刘邦兄之子）的封国，"七国之乱"被平息后，江淮流域又一次为淮南王刘安所有。江淮流域一直是远离政治中心的藩属之国。

无论异姓王还是同姓王，江淮流域的藩属国时常表现出与朝廷的离心离德，这在史书中屡有载录："其明年，淮南、衡山、江都王谋反迹见，而公卿寻端治之，竟其党与，而坐死者数万人，长史益惨急而法令明察。"[1] 如果再遇上这样的天灾："是时山东被河灾，及岁不登数年，人或相食，方一二千里。天子怜之，诏曰：'江南火耕水耨，令饥民得流就食江淮间，欲留，留处。'"[2] 江淮流域的动荡实令朝廷不安。为此，汉朝中央政府从景帝时期开始谋划平藩之策，汉武帝在打击匈奴取得决定性胜利之后，便着手彻底平淮。

① （西汉）司马迁. 史记·平准书[M]. 北京: 中华书局, 1992: 1207.
② （西汉）司马迁. 史记·平准书[M]. 北京: 中华书局, 1992: 1216.

平淮战略的第一步就是先平定闽越。闽越自古为"百越族"一部的属地，春秋时期，吴越争霸，最终越王勾践获得胜利，于是，闽越成为越国势力范围。秦统一之后设置闽中郡。秦末动荡，"闽越王无诸及越东王摇者，其先皆越王勾践之后也，姓驺氏。秦已并天下，皆废为君长，以其地为闽中郡。及诸侯畔秦，无诸、摇率越归鄱阳令吴芮，所谓鄱君者也，从诸侯灭秦。当是之时，项籍主命，弗王，以故不附楚。汉击项籍，无诸、摇率越人佐汉。汉五年，复立无诸为闽越王，王闽中故地，都东冶。孝惠三年，举高帝时越功，曰闽君摇功多，其民便附，乃立摇为东海王，都东瓯，世俗号为东瓯王。"①此后，在闽越攻击东瓯的过程中，汉派遣庄助以节发兵东瓯，于是，闽越撤兵休战。之后，在东瓯请求下，汉朝举东瓯之众尽数迁徙江淮流域。

由于闽越之地屡次臣服，又屡次悖逆。因之，汉中央政府下决心平定叛乱。汉建元六年（公元前140—公元前135），闽越攻击南越之际，闽越王之弟馀善乘机作乱，谋杀闽越王郢，随后不久举兵反叛。元鼎六年（公元前116—公元前111）秋天，"余善闻楼船请诛之，汉兵临境，且往，乃遂反，发兵据距汉道"。于是，汉武帝于同年发兵平叛，"天子遣横海将军韩说出句章，浮海从东方往；楼船将军杨仆出武林；中尉王温舒出海岭；越侯为戈船、下濑将军，出若邪、白沙。元封元年冬，咸入东越，东越素发兵距险，使徇北将军守武林，败楼船将军数校尉，杀长吏，楼船将军率钱塘辕古斩徇北将军，为御儿侯。自兵未往。"②"于是天子曰东越多狭阻，闽越悍，数反覆，诏军吏皆将其民徙处江淮间。东越地遂虚。"③这是汉朝第二次大批量和大规模地将闽越之地的人口迁徙至江淮流域。显而易见，江淮流域在汉代就开始迎来了大量闽越族（古百越后裔），成为闽越文化的延续和衍生之地。

① （西汉）司马迁. 史记·东越列传[M]. 北京:中华书局，1992: 2273.
② （西汉）司马迁. 史记·东越列传[M]. 北京:中华书局，1992: 2275.
③ （西汉）司马迁. 史记·东越列传[M]. 北京:中华书局，1992: 2276.

东汉末年和三国时期，江东为孙吴所占据，但两淮流域成为魏国与东吴长时间争夺的焦点，因战争之故，这里的农耕业发展受到影响，直到南北对峙形成之后，江淮地区迎来了和平、安定的发展时期，此时，生活在大山深处的山越人逐渐迁徙到江淮地区，于是，在和平的社会环境与劳动力迅速增长的情况下，江淮地区的农业生产发展起来。农耕生产力的进步与水稻品种的改良，以及双季稻的种植不仅使耕地轮作合理，也改良了土壤，于是，南北朝时期江淮地区的农耕业快速发展，逐渐形成超过中原和北方地区的势头。隋唐、两宋及元、明、清以来，江南经济得到迅速发展，农业、手工业与商品经济结合的程度加深，不论农业商品粮，还是手工业生产制作，都得到长足进展。总之，从北宋开始江淮地区的农业、手工业、商业及交通运输业等产业都得到日新月异的发展。

从历史上看，江淮地区的人口成分相对复杂，不同时期从各地迁入的人口分别带着各自的生产、生活等民俗文化习俗。然而，生活在同一个新的地域内，需要有共同的生产方式、生活方式及精神生活，于是，以生产趋同、生活内容、生活方式趋同，以及精神理念趋同为共同目标的地域文化价值及审美观开始形成，这为建筑结构形制、特征及风格出现一致性作了最为充分的准备。

不言而喻，徽派建筑风格就是在这样丰富多彩的人文社会背景下，基于人们共同生产、生活方式及信仰等衍生而成的一种混合形式的建筑流派。

4.1.2 以铺首衔环为中心：晋、徽商业文化与文化艺术创造的分析与阐释

尽管铺首衔环在中国传统建筑文化体系中只是配件，但是，它的发生、发展状况与所呈现出的表现形式和内容却折射出社会文化丰富的内涵，这足以说明它是文化的不断创新，它融入生活，甚至是社会变革的一种暗示。

晋派建筑是以小农经济社会充分发展与农业经济繁荣为社会文化背景的，即便依托了商业文化而获得很大的发展和展示，但归根结底它仍然是小农经济

文化的折射。与之不同的是，徽派建筑则是传统社会发展到商品经济时代商人及商业阶层的社会生产与经济文化生活的体现，展示着一个新兴阶级意识及文化的转变。

西周以来，社会阶层被划分成士、农、工、商等文化阶层，新兴士族阶层在小农经济社会阶级地位上升，其独特性不仅没有被削弱，反而得到了加强，即逐渐出现了"刑不上大夫，礼不下庶人"的社会政治享有模式，这种模式随着封建专制主义政治、经济及意识形态的强化，不仅获得持续发展，而且它的规范性和严格程度也越来越强了。

随着社会生产力的发展，尤其商品经济的繁荣，在小农经济文化发达的个别地区出现了超越时代的现象。在原有科考制度允许下部分富足农家子弟（新兴的中小地主阶级子弟）可以通过自己的努力走进士族阶层——但绝大部分人还是与之无缘。社会政治意识的取舍，必然将非士族阶层打上永久低人一等的阶级属性的烙印，于是，在小农经济发达的三晋大地，农家及其子弟撇开入仕这个途径，摒弃"修身、齐家、治国，平天下"的政治理念而走了经商之路，即通过个人努力在经济上成为具有一定实力的人，这也在客观上促使他们自然或不自然地向士族阶级经济生活靠拢。

晋商就是这样的文化阶层——虽然如此，社会现实常常将某些阶层人们对于生活的理想蓝图永远搁置在对于美好事物的憧憬上。晋商，在商品经济环境下积极开拓，像滚雪球似的聚集了大量社会财富。但传统社会为士族阶层所掌控，以生产成果及其严格的配比作为社会政治伦理的标准，来划分每个人的阶级地位、社会身份，以及享有的经济生活，这便将政治和商品经济严格壁垒起来。以阶级阶层来划分出士族阶层、农民阶层、工匠阶层、商人阶层等，士族阶层排在首位，同时享有着丰富的物质生活内容，而农民阶层次之，工商阶层再次，商业阶层在很大程度上被禁止享有政治权力及对应的经济生活内容。这种种以国家正法的形式所规定的禁令不仅对其他文化阶层的生活内容和方式起到了极大的约束作用，还限制了他们在文化上的创造力。

另一方面，商人作为一个社会阶层总是处于尴尬的社会境地，他们虽然拥有足够富足的生活基础，但总是为传统社会政治伦理规划所轻视，为传统社会士人及其阶层所鄙视，这种状况即便到了商品经济时代也一如既往地存在，不仅如此，仍然按照这个社会认同感继续下去。但富有的商人还是在文化上创造了既属于自己的、又属于社会的文化内容，尤其他们的觉醒意识与智慧，不仅给当时社会文化发展注入了新兴的文化内容，而且对后世的影响也十分深远。这在晋派建筑和徽派建筑都有突出的表现。

就铺首衔环来看，富有智慧的商人劈开社会政治伦理的禁锢，创造出了新内容和新表现形式。如图 4-1，4-2。晋派建筑的铺首衔环，在营造理念与工艺

图 4-1

制作上侧重平面形式，并在功能及文化内涵
上向二维方向延伸，甚至与门饰联系起来，
其中，个别的还采用铁皮装置了整个门板，
类似门板装饰以门套，既起到装饰作用，又
起到保护作用。而徽派的铺首衔环，在营造
理念与制作工艺上倾向立体形式，尤其是侧
重功能及文化标识的营造理念，更富有文化
创造性与审美特征。在图4-2中，与晋派铺
首衔环不同，在当时社会背景下富有文化创
造的是，在徽派建筑营造理念中创设的铺首
衔环在基于基本功能制作精致的基础上具有
"商标"的文化语义，标识着经商者本身对
于社会文化的认识，反映着商业经营的一种
内容、模式及理念。进一步讲，明清时期，
地处南方的江淮流域发展了具有雇佣工人的
工场手工业与商品经济结合的商业贸易文
化，手工制作从作坊到手工工场，这绝非是
单纯意义上生产规模的扩大，而是生产性质
的变化，工场手工业生产的目的直接指向商
品经营，自然在同行业中出现了激烈的商品
竞争，于是，具有文化综合性的商品品牌诞
生，并开始发挥积极有效的作用。总之，晋
派建筑和徽派建筑中铺首衔环适应社会文化
环境的变化，在营造理念、制作工艺及文化
内涵方面，均富有创造性及个性特征。

图 4-2

4.1.3 以铺首衔环为中心：晋、徽商业文化与农耕文化的内在关联分析

中国传统建筑在城乡文化划分中逐渐形成两个重要文化范畴：乡村建筑文化围绕农业耕作文化展开，而城市建筑文化鲜明地体现着社会文化经济生活内容和方式的创造，体现着中央政治集权与上层政治意识因素——就在这个夹缝中，商业文化逐渐兴起并贯通着城乡之间的文化联系。

农耕文明的伟大成果之一，就是以农业耕作为主，夹杂了多种手工业劳动从根本上为人们提供了生产和生活的基本样式。

农耕文化的发展与不断丰富的过程，是十分漫长的，因之，在每个发展阶段，每个地域，均存在着巨大的差异性。

在晋文化中，原始农耕文化发生的最初阶段是原始社会石器时代，例如，山西襄汾丁村文化遗址，便是早期农耕文化的典型。晋，在历史上有着相对完整的政治地理意义，从西周开始逐渐形成晋及三晋文化，进入传统社会之后，小农经济在三晋大地深深地扎根下来。历史上发生在中国北方、西北地区的民族融合，政权更迭，多次给三晋大地带来多民族文化的交织和融合，还在一定程度上促进了该地区农耕业的发展。例如：在南北朝时期，各民族之间又在潜移默化地相互影响、融合。公元386年，拓跋珪趁前秦四分五裂之际在牛川自称代王，重建代国，定都盛乐（今内蒙古呼和浩特市和林格尔县）。同年四月，改国号为魏，旋即迁都平城（今山西大同市），历史上称为北魏。北魏孝文帝继冯太后改革内政之后继续改革，公元394年从平城迁都洛阳（今河南洛阳）——这是孝文帝改革的重要举措之一，旨在加强与中原文化的交流交融。在北魏冯太后和孝文帝的改革中，鲜卑族从草原文化向农耕文化转型。隋唐之后，特别是北宋之后到明代，山西几番为游牧民族政权所统辖，但农耕文化及文明的主流都不曾变更过。

在江淮流域，虽然也孕育了早期的原始农耕文化，但就徽州文化而言，它却发展得十分曲折。西周以来，多次诸侯割据，多种文化渊源滋润着江淮流域，

尤其汉代两次大的人口迁入，闽越文化的注入等，使江淮流域的文化交汇与融合多元多样，从而奠定了江淮文化多元融合的特点。南北朝以来，北朝战争不断，政权更迭频繁，而南朝政权过渡相对平稳，这十分有利于社会生产的发展，因此，江南农耕业在南北朝时期获得了稳定发展。尤其北宋中央政府鼓励开荒，致使江南耕地面积大为增加，再加上元明时期海上交通的开辟，棉花等经济作物引进种植并获得成功等，更加促进了农业生产的发展与农耕经济的繁荣。总之，江南农业生产的发展促进了商品经济文化的繁荣，即商品经济文化的不断发展开辟了广阔的商品销售市场。

4.2 铺首衔环地域特色及形式审美

地理环境因素一直是制约人类发展的核心因素，从地质历史及生物学角度来看，在自然界中只有适合动植物产生、存续的环境形成之后才能出现动植物的繁殖、衍生及进化。当然，生物在演变过程中试图找寻适合的自然环境又是一个重要的方面。在人类发展史上，地域地理环境总是决定着人文环境的创造及可持续发展，在传统社会，各种文化产业的地域性特征十分鲜明，人类活动及其成果直接反映着自然环境要素的构成。中国传统建筑不仅反映着地理环境下人们的创造能力，而且反映着社会文化中的主观意识。建筑文化的内容、形式及文化内涵，就是从这样的两个方面进行创造与不断积累的。

4.2.1 地域文化视野下两地铺首衔环各自审美要素提炼

地质地理条件决定了地域的内核及物质基础，气候决定着地域外表现象的产生及发展。地域地理因素被人工创造加以改造出现的相对变化，以及由此所促成的对象的可持续的渐趋改变与不断的积累，构成了具有地域性特征的人文环境。

中国古代，黄河流域因其土壤、气候、水资源、植被等优势，长期成为经济文化的中心，农耕文化成熟发达。譬如地处黄河最大的支流渭河流域的关中地区因为坚实的农业基础，历史上就成为了多个王朝的政治中心。同样，在江淮地区、汾河流域、永定河及海河流域、辽河流域、闽江流域、珠江流域、嘉陵江及岷江流域等也发展了各具特色的农业耕作文化区域。

就建筑文化而言，我国传统建筑的总体特征是：在社会政治伦理影响乃至制约下的居家文化，它等级森严，是在与建筑用户经济实力相结合的背景下满足居住者生产和生活需要来完成营造目的的。

晋、徽商人及其阶层生活的社会环境是以小农经济为主的家庭经济社会，在中国传统政治意识影响与引导下逐渐形成耕读文化，农家子弟可以通过发奋读书而进入士文化阶层，所谓"金榜题名""衣锦还乡"，便是在风调雨顺、五谷丰登、富贵吉祥、五福临门、福禄长寿等文化生活内容基础上发展起来的小农经济社会的理想模式。

4.2.1.1 儒家文化元素及审美的衍生性表现及利用。儒家文化主要以等级制来划分社会阶层，宣扬家庭及家族理念，标榜忠、孝、悌、节、义，以实现君臣、父子、夫妇等家庭、社会伦理秩序。秦始皇驾崩之后，中车府令赵高图谋篡改秦始皇遗命，他在竭力怂恿胡亥时，胡亥曰："废兄而立弟，是不义也；不奉父诏而畏死，是不孝也；能薄而才谫，强因人之功，是不能也；三者逆德，天下不服，身殆倾危，社稷不恤食物。"[1] 可见在经历了焚书坑儒的秦代，儒家思想的一些核心命题仍在影响着包括胡亥在内的人们。就审美语义而言，儒家文化强调的是伦理的秩序，理想与憧憬的统一，是一种人文秩序美。在重视儒家文化修养的晋商及晋派建筑中，即便他们不走仕途，但建筑文化体系，同样属于儒家文化的建筑语系，其铺首衔环在整体建筑中依然与儒家文化

---

① （西汉）司马迁. 史记[M]. 北京：中华书局，1992：1984.

及其审美成为有机联系的整体，这是局部与整体的审美关系，是铺首衔环之所以存在的根本。

4.2.1.2 道教文化元素及其审美。道教，源自中国本土文化，它基于民间长期以来的多神教基础，以神仙崇拜为核心，在融入古代占卜、阴阳、五行、巫术及道家学说，并与方术等相结合后，最终形成了道教。道教追求现实性幸福与生命个体的长生不老，乃至得道成仙，人生观具有强烈的现实主义态度，竭力追求有生的幸福、福禄、富贵、多子、吉祥、如意、长寿等。道教的基础在民间，具有广泛的信众。晋派建筑的铺首衔环采用透雕的方式将铺首制成镂空状，再与门板构成阴刻纹饰与阳面结合的视觉审美形象，如图，4-3，4-4，4-5，这既是道教阴阳观念的体现，又是阴阳性创意与制作手法的应用。同样，在另一种铺首衔环的创意中，不仅采用了这样的阴阳学说，而且还将吉祥如意的语义和形象直接采用"如意"造型表现出来，如图4-6。如图4-8，直接采用道家的八卦图形。

4.2.1.3 佛教文化元素及审美。佛教，公元前六世纪诞生于古代印度，公元一世纪传入中土，长期以来，"佛教东渐"的过程中

（左）图4-3，（中）图4-4，（右）图4-5

（左）图4-6，（中）图4-7，（右）图4-8

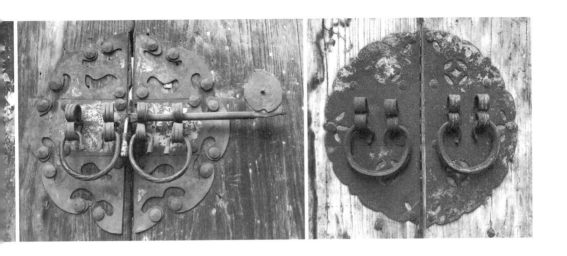

不断与中华文化有机融合。"佛教在拥有广大信徒的同时，其自身也被崇尚者依据自己的精神和现实利益需求，进行新的诠释和熔铸，进而导致了中国文化的熔炉中生成了一种奇妙的现象；唐宋以来的儒者，大都面目是儒、心神是释，'皆以儒教为治世之学，佛教为治心之学，道教为治耳之学，已定三教相安之分位。'"① 佛教在中国民间社会得到广泛传播，人们在社会生活中逐渐接受了佛教恩物的造型形象，如菩萨、罗汉及佛经故事中的人物，还十分喜爱和推崇佛教法器，诸如香炉、法轮、宝塔、木鱼、华盖等。自然地，佛教文化中其他的文化元素也进入民间生活空间，例如八吉祥造型、盘长纹样、"卐"字符号，甚至瑞兽等，均进入人们的生产和生活中。

4.2.1.4 民间民俗文化元素及审美。在民间民俗建筑中，许多民俗文化内容进入民间建筑领域，成为建筑文化的审美内容与表现形式，从题材来看，有代表长寿、富贵、吉祥、喜庆等寓意的纹饰及图画图形，还有龙凤、虎豹、雄狮、鹿、猴、兔、羊、蜘蛛、鹌鹑、蝙蝠、蝴蝶、鲤鱼、鹤等瑞兽，甚至包括莲花、桂花、杏花、梅花、茶花、牡丹、菊花、芙蓉花、佛手、兰花、竹子、松柏及橘子、柿子、苹果等植物，它们经过图绘、雕刻和铸造，成为表达吉祥之意的建筑装饰的审美内容与表现形式。

4.2.1.5 吉祥语义文化及审美。在传统文化中，人们采用象征、谐音等方式来表现吉祥寓意。这种祝福、祈祷，常常将各种语义寄存在象征对象中，使之具有含蓄的表现特征，诸如，麻姑献寿、送子观音、五福捧寿、缔结连理、百年好合、白头偕老、福如东海、寿比南山、连年有余、马上封侯、三阳开泰、鱼跃龙门、福星高照、四海升平等谐音文化元素，以及传说中的八仙和他们随身所带各自的宝物——"暗八仙"。

4.2.1.6 在传统文化审美中，还有将数字谐音用作美好寓意的，例如，六六

---

① 阮荣春，黄宗贤. 佛陀世界[M]. 南京：江苏美术出版社，1995：27.

图 4-9

大顺、一路平安、双喜临门、九九归一、十
全十美等，这些数字结合一定物质材料并进
行抽象，进而转化为具体的图像，既显示装
饰的视觉审美，又表达了人们对事物发展趋
向的美好渴望及憧憬，如图，4-9，4-10，
前者是晋派建筑的铺首衔环，而后者是徽派
建筑的铺首衔环，相同的语义都用八边形来
展示了一个"8"，即"发"的谐音。

4.2.1.7 从晋商建筑来看，他们在客观实
践中依照家庭伦理建造了居家的建筑群，其
铺首衔环的创意、造型内容、表现形式及特

图 4-10

征，体现了儒、释、道各自独立的内容，也展示了它们彼此融合的文化成果及创意与表现，如图4-7，为万字纹符号。此外，在晋派建筑的铺首衔环设置中，常常伴随着一些辅助性的装饰配件，如图4-9，4-11，一个在旁边配设了鱼形纹，另一个在旁边配设了蝙蝠与寿桃相结合的纹饰。

同样地，徽商及徽派建筑在中国传统社会环境中受到传统文化各种因素的影响，甚至制约，其铺首衔环的创意、设计与制作，以及审美，同晋商建筑审美有着较为鲜明的不同之处。

在审美性内容与表现形式，以及内涵协调性方面，徽派建筑的铺首衔环，设计与制作得更加统一，如图，4-11，4-12，4-13，4-14，4-15，4-16，在这六个铺首衔环的创意与制作中，造型的选材、表现形式及装饰语义是一并考虑的，这体现了徽派建筑从全局着眼，反映了创意和设计的完整性，体现着商品经济发展到工场手工业时代商人在商品生产与市场营销关系上的完整性——商品生产目的与商品买卖的结果是一致的，这在其他生产和生活方面，可能是无意识的，或

（从上至下）图4-11，图4-12，图4-13

者是潜意识的，但无论如何，总有一种全局性的行为表现出来，它将一种设计、生产、营销和消费的文化链同样也布局在其他生产和生活方面，而建筑中出现的这种现象，则是商品时代商品意识潜移默化影响的结果。

4.2.2 比较视野下两地铺首衔环形式要素与结构规律归纳

晋商与徽商都处于中国传统社会环境中，在传统等级制度中他们的社会身份和地位低下，但因经商而富裕起来的他们，总会在合理的情况下谋取属于自身生活的内容与具体的表现形式，纵然这不为传统社会政治伦理秩序所认同，但这总与创造主体的生产和生活——即基于生产发展状况下经济基础的获得与生活内容及表现方式，是一致的。

晋商、徽商分别成就了晋派建筑和徽派建筑式样的典型代表，在中国 建筑文化的生发、传承、创造、延伸及衍生中表现出了一定的规律性特征。

在铺首衔环的形式感表现上，徽派建筑的铺首衔环尤其具有创造性的形式表现，总给人以似曾相识的质感，同时又让人感到其

（上）图 4-14，（中）图 4-15，（下）图 4-16

新颖的一面。

同时，不论晋商，还是徽商，都对所处的现有社会阶层不满，都渴望获得社会伦理政治的认可，以便政治、经济地位上获得有效的提升。

在晋商看来，财富的拥有总是会彰显社会身份及应有的社会地位，但是在专制主义压迫下，每个社会阶层、每个人都要受到严苛的社会制度、法律、伦理和道德的桎梏。

（从左至右）图 4-17，图 4-18，图 4-29，图 4-20

图 4-21，图 4-22，图 4-23，图 4-24

第五章

衍生与应用：时代背景下铺首衔环
的形式转换与应用

中华文化历史悠久。建筑及其文化，从原始人类居住在森林中搭建框架窝棚，从天然洞穴到掘地为穴探索安居之日起，便开启并不断积累了。在这个过程中，建筑文化的核心宗旨指向人们的居住、安全、舒适、安逸，及其他精神生活所需，其中，不可否认的是，建筑文化的内容和形式在长期的发展过程中得到多方面的拓展。这不仅成为建筑文化体系的重要内容，成为其丰富的表现形式，而且，成为人文环境的重要内容。

从建筑材料的选择、采用、技术提升、功能性形式的设置与塑造、精神情感因素的注入等诸多方面来思考建筑的有机构成部分，铺首衔环作为建筑配件之一，在中国建筑及其文化内涵发展与积累中记录了自然与人文关系的演变及衍生，成为重要的人文标识。

在中国传统建筑体系中，门是建筑的一个有机组成部分，门框和门板、门板与户枢、门板与铺首衔环，扮演着极其重要的角色。门框和门板作为门户，是人沟通房屋内部和外部的通道及关卡。在门板的转动、开启中，户枢联系门板和门框，起着枢纽的作用。门板与铺首衔环在结构关系及形象上，可以成为一体化的范畴，但在执行实用性功能、语义及形象审美中，便产生了有意思的衍生：门板与铺首衔环是为门面，铺首衔环又是门饰的一个部分，在建筑功能中，它起着开合门板的作用，也具有识别及审美的作用。另外，建筑物的设计、营造、拥有、使用等，很早便打上了阶层、阶级等伦理文化的烙印，铺首衔环同样如此。

在人居理念中，从居安和安居的辩证关系看，围绕居住文化的建筑就伦理、道德、法律而论，门是唯一的通道，在人居建筑中起着至关重要的作用。在整个建筑结构系统中，门包括门板、门框（门槛）、门轴、铺首衔环等主要构件，它们一并有机构成门的概念及门的基本文化范畴，组织结构为：门板下面与门枕相接，或与门枕相靠，或处于门枕之上，门板与门槛通过门轴相连，因之，门板可以围绕门轴及门框（门槛）做旋转运动，门槛与门板的上面是门额。铺首衔环置于门板的适合位置，以便于推、拉等移动与关锁固定门等之用。"造门之制，自唐、宋迄明、清，在基本观念及方法上几全无变化。营造法式小木作中之版门及合版软门，尤为后世所常见。其门之安装。下用门枕，上用连楹，以安门轴，为数千年来古法。"①

随着时代的变迁，材料及工艺、生产制作技术的发展，传统门饰里的铺首衔环不见了，取而代之的是门锁，与铺首衔环相比，在结构及结体上门锁与门成一体化结构，它融入门的形体之中，从内部的功能性结构到外部的功能性结构及造型连成一体，意为关门闭户。另外，门锁作为现代建筑的有机组成部分，也同样具有多种文化功能，包括关闭门户、装饰门面等作用。从历史上看，铺首衔环有一个相对漫长的文化演变，包括文化语义丰富，乃至文化语义转化的过程。

总之，铺首衔环在建筑物中，既是建筑物的组成部分，又是建筑物中具有标识性的配件之一，不论作为功能性的组成部分，还是作为象征性的部分，都具有重要和鲜明的文化意义。

---

① 梁思成. 中国建筑史[M]. 北京: 中国建筑工业出版社， 2005: 345.

5.1 铺首衔环双重价值及文化意义：工艺美术价值与建筑艺术审美

中国传统社会里建筑艺术和工艺美术均立足于实用性功能、构建功能与视觉形式的有机结合和高度统一。工艺美术侧重社会生产与社会文化生活实用功能，凭借劳动生产技术及长期劳动生产经验通过手工劳动制作产品。建筑艺术是功能性的艺术表现形式，在满足功能需要的基础上，寻求视觉形式与其有机结合。

铺首衔环作为中国传统建筑的结构物件，它既具有材质、机械性能、工程工艺制作技术及配件造型等物质技术的基本内容，又具有造型内容与对应形式的视觉形象，还包含着更加丰富的非物质文化的内涵。从古人最早解决自身衣、食、住、行、用基本问题开始直到现在，有关建筑，不论是工程工艺技术的发展及不断提升，还是民族文化的创造、发展及其有益成果的积淀，甚至是对于外来民族文化的汲取，所构成的中华传统建筑文化的体系，是历经漫长的历史演变过程后的结晶。就铺首衔环而言，尽管它仅仅是一个建筑配件，但它在历史的推演中不乏各种自然与人文因素的积淀。

建筑艺术的完整性及全面体现，在客观上受到材料、工艺，以及工程范畴中所采用的特殊的制作工艺技术的严格限制和制约。明清时期晋、徽派建筑的铺首衔环，通常采用铁制材料营造与制作，铁器的制作工艺：锻打、铸造、镂空、透雕，以及有效衔接等，无不遵循铁器制作的工艺技术标准和流程，如图5-1，5-2，这是徽派建筑铺首衔环的一对代表性制品，它们均包括铸造、锻打、镂空、衔接、打磨等技术环节，由这些各不相同的制作环节构成的制作流水线，成为铺首衔环的制作工艺，也是俗称的工艺美术制作技术及实现过程。

工艺制作的每一个环节，均针对铺首衔环整个造型的每一个部位及其整体的造型形象，例如铸造，是针对整体形象而言的工艺制作技术，再如镂空，

（上）图 5-1
（下）图 5-2

是针对铺首和衔环上的具体纹样而采取的适合的工艺技术。从无到有，从局部到整体，制作者一步步将一个具有完整造型内容、表现形式及语义和特征的铺首衔环完成。

对于建筑中铺首衔环的欣赏是对于工艺美术生产制作结果的欣赏，这种审美意识及体认，是以理性为基础的感性认识。

5.1.1 铺首衔环客观存在的全新时代背景

唐宋之后，尤其明清时期，中国社会环境发生了根本性变化，新兴的商品经济逐渐在城乡之间萌发，渗透到人们的生产和生活之中。唐宋时期，传统农业发展到成熟阶段，农业社会生产力水平主要体现在铁制农具的普遍设计、制作及使用，各地耕作制度成熟，尤其是发明了汲水灌溉工具筒车，可以将低处的水提升到高处的耕地以浇灌庄稼，这样，便从根本上保证了旱地的农业收成。另外，唐代南北统一，农业生产技术和经验得到相互交流，江南农业区获得黄河流域发达的农业耕作技术，提升了生产力。宋代，农业生产更加发展，尤其北宋政府鼓励农民开垦荒山、荒地，促使可耕地面积迅速扩大，这样粮食产量大幅度提高。此时，值得注意的是，宋代由于城市数量增加，相对地，城市消费人口数量大幅增加，致使在城乡之间出现了商品粮生产、交流的系统，也就是商品粮交易市场出现。宋代，中央政府分别对不同社会生产领域进行了不同程度的整合，其中，在手工生产领域，政府以产品式样为标准来规划生产和商品买卖的标准，使市场获得规范。在建筑领域，宋朝任用工部侍郎李诫整理制订有关营造方面的指导专项标准，李诫据此撰写了理论指导专著《营造法式》。更为重要的是，宋代社会儒、道、释相互影响加深，社会意识形态相对统一，社会进入以儒家新理学为主的意识形态指导下，倡导实际价值的追求，南北朝以来的清谈之风淹没在历史的尘埃中。

总之，宋代中国社会生产力全面提高，理性主导社会发展的主流方向，使人们更注重社会实际，将焦点聚集在社会生产的理性发展道路上，在大力发展社会生产中促进了城乡商品经济的大发展。

明清以来，社会生产继续发展，商品经济进一步繁荣。儒家思想在社会文化中的正统地位得到进一步加强。明代开始小农家庭经济由于商品经济的影响而被打开缺口，即家庭生活必需品的商业流通逐渐增多，原有的自给自足经济失去昔日的封闭性。乡村经济由商品流通渠道联系起来，进行了充分的交流与互动。城乡之间由此产生了有机联系，表现为：农业耕作及商品粮供应、手工业生产及产品营销和消费之间的关联度不断加深，城市新阶层崛起，形成了新兴的家族及文化发展理念。正因为小农经济生活的局限性及禁锢被打破，才出现了以商业和商品经济为导向的社会文化快速发展的态势。

明代，商品经济与工场手工业结合，在社会经济生活中逐渐发展起来，在客观上足以占据主导地位，这正是江南经济社会的客观存在。在江南经济发达地区出现了雇工制度与追求商品利润的商家投资工场手工业的生产方式，工场手工业生产以充分满足城乡人口的生活消费需要为目的，进行大批量规模性生产。这样，在市场上出现了丰富多彩的生活消费品，同时，吸引了大量商人及生产与营销的投资。在全局性手工业生产发展与商品经济繁荣的状况下，各地商业活动频繁，商品文化繁荣，而晋商和徽商正是活跃其中的两支主流队伍，自此，晋商和徽商既以地域及商业特色民俗文化名扬商界，又以自身的商业特色而名显天下。

总之，明清时期，由于农业、手工业及商业等行业的综合性发展与城市数量及规模的不断扩大，具有商业内容及特色的商品经济时代到来。然而，小农经济仍然占据着中国社会文化生活的主导地位。这是晋商和徽商等商业阶层仍然需要面对并在其中生存的现实环境。

5.1.2 铺首衔环所蕴含的工艺美术价值

铺首衔环是功能性和审美性相结合的具体造型，它在建筑物中一直有着独立性特征。

铺首衔环的具体造型，通常由铺首和衔环两部分紧密结合而成。从工程工艺原理与具体功能来看，铺首在门板最适合的位置、与门板形成有效衔接，并被认为是最为牢固的结合。衔环，附置在铺首之上，供人捏握、扣响及推拉门板之用，这两者的结合既完成了地域审美及文化表意，更解决了其功用问题。

铺首衔环离不开建筑，但是，其设计与制作完全可以独立于建筑工程体系，单独成为一个设计、生产及制作行业，这便是传统营造语义中的工艺美术范畴。在中国传统工艺美术文化范畴中，任何一个工艺美术类型或者种类，均是一个相对独立的营造系统，比如，香炉，围绕其造型及功能展开的是材料选择、制作工艺、功能与形式，以及形象审美等构成的一个相对独立的体系；再比如，青铜器，从材料选择到制作工艺技术，再到造型形制，直至功能等，一起构成某个相对完整的工艺美术支系。毫无疑问，铺首衔环完整地具备这样的内容及文化特征。

从材料及工艺上看，铺首衔环首先具有独立且独特的材料及工艺。不论是铁、木、石，还是铜甚至金银等，均能成为完整的材料体系。所谓工艺美术的

"材有美"①，就是指材料的材质美。铺首衔环不论采用什么材料，均是根据功能美来选择与确定的。建筑物之铺首衔环，则是根据自身功能、作用、价值及意义来选择材料，它不受到建筑物材料及体系的限制，而是具有独特材料体系的工艺美术。

铺首衔环的制作工艺，也是具有自身独特体系的，绝不会受建筑物营造工艺的影响。铁被用来制作铺首衔环，人们既不会考虑铺首衔环的建筑语义，也不会考虑铺首衔环在建筑材料中是否会有同样的构想及表现形式。

最值得重视的是，铁制品虽然出现在建筑物中并充当着重要角色，但就建筑物材料、营造制作技术，以及对应的筑造对象与建筑结构和结体等而论，铁质材料是没有全部贯穿在整个建筑结构体系中的，仅仅体现于极少一部分，甚至一个点，故此，在中国传统建筑的结构体系中一直贯穿的可持续发展的结构体系是砖－木－石，或者砖木结构。换言之，铺首衔环完全可以独立于传统建筑结构体系之外。有关建筑体系中铺首衔环的认识，仍然需要从其所执行的文化功能上进行思考：铺首衔环作为一个具有完整材质及工艺性能、制作技术、造型形式、营造理念、内容涵盖以及特定语义、作用、价值和意义的构件，毋庸置疑在生产和生活中起着极其重要的作用。另一方面，在中国传统营建体系中，以一种或数种材料及相应的工艺为物质工艺基础，采用对应的工艺技术来破解材料，然后采用相应适合的制作技术来谋求一定的造型形式，并使之与一定的实用性结合起来，这便是既侧重生产又针对生活的营建，这在中国传统文化中被视为工艺美术范畴。建筑体系中的铺首衔环就材料及其参与的结构体系而言，被排除在建筑结构体系之外，但其所具有的文化属性，理所当然应归属于工艺美术之列。

铺首衔环所具有的工艺美术价值，需要从整体上进行思考与把握。首先，

①　（战国）佚名，俞婷编译. 考工记[M]. 南京：江苏凤凰科学技术出版社，2016: 14.

铺首衔环是一个相对独立的造型形式，它附置在建筑物的门板上，其功能是辅助性的，而不是必须和必然的。铺首衔环有助于推移、叩启、关闭门板，在建筑物门板的结构性功能的构成中，起着辅助性作用。这便形成了铺首衔环的独立语义，即工艺美术文化语义及价值。就铺首衔环的造型思维及表现方式而言，可以追溯到最为原始的造型理念，即仿生学理念。铺首衔环从原始崇拜及祭祀活动中走来，原始意义的图腾崇拜覆盖了它最初的文化内涵。

其次，铺首衔环的制作理念，既符合建筑物门板的功能性需要，又符合独立的造型形式及功能的需要，尤其后者，具有独立的工艺美术价值和意义。铺首衔环在建筑物中的功能，实际上，就是建筑物门板上的推手、把手，其制作与安装旨在帮助推拉门板、开合及关闭门板。但作为独立的造型形式，铺首衔环具有标识作用，以帮助人辨别建筑物的方位，是人与建筑进行沟通的有效界面。就其独立语义而言，铺首衔环有相对独立的语义表达，尤其是识别性语义，因而作为一个单独的造型形象，可以用独立的工艺美术品进行诠释。

再次，铺首衔环的制作方法，则是根据其所采用的材料在客观上运用必要的制作技术及完整的工艺流程，这构成了一套独立和完整的工艺美术类型的制作工艺。在晋派建筑中，铺首衔环趋向平面造型形象，用铁质材料制作，首先从锻打开始，将铁块捶打成铁片形状；然后，再根据铺首衔环的造型进行必要的切割；最后，便是基本造型出现之后的打磨、镂空及镶嵌铆钉等。在徽派建筑中，铺首衔环侧重立体的造型形象，用铁质材料制作，主要采用铸造技术，必须先制作铸造造型所用的各种模具；然后，再进行铸造；最后，便是整合完成铺首衔环的基本造型，当然，还需要一定的其他技术来进行最后的修缮，以获得完整的铺首衔环。值得重视的是，采用不同材料来制作铺首衔环，所采用的工艺是不同的。总之，作为工艺美术品，铺首衔环的制作，必须具备自身所具有的工艺技术含量与对应的工艺制作流程。

在《考工记》看来，一个工艺美术品类型，需要具备自然与人工的和谐之美，具备材质适合性之美，具备生产和制作技术之美，还要注重实用之美。"天有时，地有气，材有美，工有巧，合此四者然后可以为良。"① 对于整个建筑物而言，铺首衔环执行着自己文化识别的功能，执行着叩打、推移、开启和关闭门板的作用。为了实现这样的文化识别功能与便于推移及开合门板的实用功能，铺首衔环也经历了复杂的发展过程。如前文所述：从选材看，铺首衔环的造型及功能要求材料具有一定的物理机械强度，足以承受人在门板上用力的推拉，这是对工艺美术品最为基本的要求。铺首衔环对于材料及工艺的诉求，也是多方面的，既需要材料具有高强度的物理机械性能，又强调材料具有柔韧性和耐磨性，还需要考虑材料的美感。如果说材料美仅仅是工艺美术的一个方面，那么另一方面，制作技术也是工艺美术重要的审美要素。从人们开始造物时积累起来的工艺美术技术逐步深入发展，在春秋战国时期就已经分门别类地出现了相对完整的工艺技术体系，"凡攻木之工七，攻金之工六，攻皮之工五，设色之工五，刮摩之工五，抟埴之工二。"② 这段话不仅根据制品规划了工种，还提及了具体工艺数量，"工有巧"就是这方面的综合性和概括性要求。

总之，在铺首衔环制作中，匠人对其严格的要求很大程度上促进了铺首衔环工艺的完善，造就了工艺美术的价值提升。

5.1.3 铺首衔环从属于建筑艺术的功能性意义

在中国传统建筑体系中，从建筑用料看，经过长期实践的检验，尤其经过不断的建筑材料及工程技术的积累，自然地形成了石材、木材及砖瓦等主要用料及体系，于是，中国传统建筑基于材料形成了"砖—木"结构，或者称作"砖—木—石"结构。针对砖木结构，或者砖—木—石结构建筑，营造工程的

---

① （战国）佚名，俞婷编译. 考工记[M]. 南京：江苏凤凰科学技术出版社，2016: 14.
② （战国）佚名，俞婷编译. 考工记[M]. 南京：江苏凤凰科学技术出版社，2016: 16.

程序，首先是选材及加工。具体地，建筑工程营造，从材料遴选到工程技术构成，组成了一个相对完备的体系，在执行建筑营造的过程中，建筑主体选取石材并经过打砸、雕刻、镂空、雕琢，乃至研磨，制作成建筑物需要的各种配件；同样，建筑主体选择各种适合性木料，并经过切割、刨平、雕刻、衔接等工艺制作成建筑物需要的各种配件；随后，便是建筑整体的营建，即根据建筑的营造理念及法式将各种材料制成的配件安置在应有的部位，使它们成为一个符合实用功能的有机的整体。

在建筑工程营造理念及制作程序中，铺首衔环的制作必然要置于整个建筑的营造方式中来考量，它以建筑营造理念为指导，以建筑法式为方式方法，在经过选材、基本造型设计与制作等具体操作之后被安置在门板的适合位置，这样，铺首衔环便成功地出现在建筑物之中。

铺首衔环起着推移、叩击、开启及关闭门板的基本作用，成为建筑物的有机构成部分。从材料看，它是建筑作为综合性营造体系的有机构成的要素。从整个建筑建构的方式及方法看，铺首衔环为建筑物实现其全部文化语义承担着自身应有的专门性的功能。

第一，实用性功能，铺首衔环发挥着推移及挪动门板的作用，使门板能够为人轻松开启与关闭。为了达到实用性功能，在选材上，铺首衔环选择了易于造型的材质。

各地的建筑尽管不同，但铺首衔环的功能还是相同的。不论铺首衔环的造型如何，其功能，即在建筑物上的基础性作用，就是为了推移、叩击、开启及关闭门板的。

第二，识别功能，在建筑物群落中分别设置各不相同的铺首衔环，便于院落及房屋主人识别属于自己的房屋。

第三，有个性和有特色的铺首衔环设置在门板之上，有助于彰显门面文化语义，体现建筑物所属者的社会地位、社会身份。

第四，铺首衔环的有效有机设计与制作，在一定程度上促进了建筑物与人的交互性，尤其使人感受、体验分享劳动成果的满足感，体验参与劳动的快乐，以及体会拥有物质和精神财富的重要意义。

第五，在新兴商品化环境中，建筑物的铺首衔环设计与制作，指向标志，尤其指向商标语义，体现着新兴商业阶层的异军突起，使新兴阶层真正体验文化创造的魅力及快感。

5.2 继承：铺首衔环传统功能形式的延伸设计研究

铺首衔环作为中国传统建筑房屋门板的构件在形式与功能上达成了有机统一，对于门的作用而言，它便于开合门板，在语义上便于识别；在文化功能上则起着重要的装饰作用，含有丰富的文化语义。一方面，铺首衔环的设计理念符合中国传统建筑礼制文化，在造型形式、内容及寓意阐释上，既符合一般居民的安居乐业心理，又符合他们对美好事物的憧憬。另一方面，铺首衔环在民居文化上符合家庭伦理文化和居家思想，营造理念以主从、长幼、男女为主导，并执行着家族宗亲制度。总之，不论晋派建筑，还是徽派建筑，铺首衔环尽管只是门饰的一个部分，但它融入了中国传统社会的家族宗族文化，并受到严格的伦理文化的制约，这是对中国数千年来传统文化的继承与发展。

但是，随着社会文化的发展，尤其是农业经济的综合性发展，中国传统文化逐渐走向变革的前夜。

北宋时期，土地集中问题日益凸显，大量土地集中在少数人手里，于是，在农业上出现了雇工现象，这直接促使商品粮的产生。农业自给自足的经济体系开始瓦解。

明朝中后期，在商品贸易性经济的刺激下，手工业作坊迅速向手工工场的组织形式转变，因之，商品经济向着市场经济发展，尤其郑和下西洋以来①，商品经济的市场在空间上空前发展。这逐渐影响到明朝中央政府的国策——重农的国策逐渐开始倾斜。在商品经济经营中，人们日益倾向于生产过程和结果的高度统一，即从生产到营销，再到消费。另外，为了在市场上通过商品竞争获得更大利益，生产环节不断被细分，每个生产环节催生了更多的生产制作工艺。这为营造内容和形式的融合创造了积极有利的条件。

明清时期，农业文化经济的发展与商品经济的繁荣，从根本上为商业文化的衍生作了最为充分的准备。商业文化的内涵建设基于社会实践的不断展开，它通过高度发达的手工业生产制造出了大量文化生活消费品，这些生活消费品既给生产组织者带来极大的经济利益，又给各级经销者带来更大的商品经济利益，同时，也给社会生活带来史无前例的变化。晋商、徽商就是通过经商获得更大经济利益的社会阶层，他们的生活消费自然地超出了其他一般的消费者的水平。

晋派建筑和徽派建筑中属于晋商、徽商在生活消费中的代表，铺首衔环正是晋商、徽商用于生活消费的居住建筑里具有代表性的物件，是晋商、徽商居住消费的标志性文化符号。

5.2.1 铺首衔环的传统建筑文化语义及功能

建筑的主要功能旨在解决人的居住求安问题，这是从人最初的进化和演变中就开始孕育与逐渐发展的。为了躲避各种危及生命的自然现象，诸如暴雨、风雪、冰雹、严寒、炎热、地质灾害，以及各种野兽侵袭等，古人或生活在原始洞穴中，或像鸟类一样利用树木架构来栖息，洞穴、树木架构等便是最为原

---

① 郑和下西洋，从1405年到1433年，郑和奉敕令组织了庞大的航海队伍，七次出海远航，历史上将郑和的航海事件称为郑和下西洋，郑和下西洋进一步拓展了中国传统的商贸之路，为商业贸易进一步拓展了市场空间。

始的建筑模式及语义。而中国传统建筑就是这样开始了漫长的探索、营造及发展历程，直到原始农耕时代，才出现了第一个人文意义的建筑实体及范畴。传统建筑就是基于这个建筑实体逐步完善的，包括建筑材料的选择加工与各种建筑材料在应用中根据其化学性能及物理强度的筛选，建筑工程技术的发明应用，建筑完成中各种工序所构成的建筑流程程序，建筑物的造型形式及占据的空间给人们生活提供的适合性范围等等，它们构成传统建筑的核心内容。经过一个漫长的展历程，传统建筑形成了基本的概念及范畴，它是供人们生产和生活的空间结构形式，包括生产性的场地、作坊，供人们日常起居和活动的空间，供人们进行祭祀空间，供人们进行社会管理及其他活动的场所等。在建筑材料及结构体系上，中国传统建筑逐步形成了砖—木—石结构，或者砖—木结构，在这样的结构体系中，各种材料可以根据构件的功能性、造型形式及所具有作用等进行相互穿插使用，例如，石材，既可以作为建筑物的基石、墙壁、台阶、栏杆、栅栏、栏板、柱子等，也可以作为假山、陈设环境的雕塑、纪念碑及其他具有祭祀语义的石像生（陵寝中的瑞兽雕塑）等。铺首衔环，在传统建筑中，是设置与安装在建筑门板上的有机配件，具有把手、推手的功能，起着有助于挪动和推移，以及开合或者关闭门板的作用。这是铺首衔环在中国传统建筑文化体系中最基本的功能和作用。

随着建筑的发展，建筑物愈发反映社会阶层，乃至体现阶级身份及属性标志，铺首衔环的语义也在原本基础上得到了逐步丰富和深化。"上公九命为伯，其国家、公室、车旗、衣服、礼仪皆以九为节；侯伯七命，其国家、公室、车旗、衣服、礼仪皆以七为节；子男五命，其国家、公室、车旗、衣服、礼仪皆以五为节。"[①] 随着传统社会对各阶层等级秩序管理的逐步强化，建筑物的社会阶级属性越来越鲜明，铺首衔环的标识性和标志性作用及语义也变得明显。其

---

① 摘自《周礼春官·典命》

造型形式、内容及内涵与制作所采用的材料均有很多等级，与传统社会阶层构成一一对应的关系。仅就材料而言，一般的民居，铺首多采用铁质材料加工制作，有品第的士大夫及政府官吏则会采用铜质材料制作，更高地位的人则会在铜质材料基础上进行各种修饰，诸如雕饰、镶嵌装饰，以彰显社会政治地位。

明清时期，在手工业与商业贸易结合背景下通过经营而崛起的商业文化阶层，具有了营建豪华建筑的经济实力，但其社会政治地位仍然十分低下，在社会政治伦理中许多绝对的限制禁锢着他们的营造理念，潜意识中不能僭越的思想限制着他们营造行为。晋、徽派建筑就是在这种矛盾纠葛中出现的，一方面，它彰显着建筑物主人殷实的经济实力；另一方面，它由于其主人受到社会伦理的限制而不能出现"僭越"的意识及行为表现。因此，明清时期晋、徽商居建筑集中体现着对于中国传统建筑营造理念和伦理秩序既亦步亦趋，又闪转腾挪的矛盾交织状态。

5.2.2 商品经济时代建筑文化语义及功能

明清时期，商品经济快速发展，固有社会财富占有制度失去了昔日的平衡状态，原本处于社会文化底层的商业阶层，异军突起成为社会财富拥有的"巨头"，在经济上占有重要地位的商人，日益表现出他们在社会文化生活上的优越性。

随着对劳动作用的认识能力和水平不断提高，人们劳动的动机无非旨在竭力提升自身的社会经济地位，或是拥有更多的社会财富。明清时期，商人所占有的社会财富份额迅速上升，这与其社会政治地位不相匹配，但在不触及社会政治稳定的状况下，他们渴望充分展示自身在社会生产和社会生活中的重要性，于是建筑部分承担了这样的展示功能。晋、徽建筑展现了这样的个性内容，彰显了商品经济时代建筑文化的语义及功能。

铺首衔环的功能及表现形式追随着商品经济时代文化经济生活及商品经营

需要的发展步伐及趋势而展开，并在此发展方向上得到延伸。

明清时期，坐拥巨大商业财富的晋商、徽商在晋、徽商居建筑营造理念中注入了新的文化内涵，其核心内容和主导思想，便是建筑要符合商人提升阶级身份及在社会政治伦理中位次的诉求。

在建筑营造中，有关铺首衔环，晋派建筑和徽派建筑采用了流行的铁质材料，以及相应的铸造、锻打、切割、镂空、磨制及油漆修饰等工艺技术，在符合社会伦理秩序的同时，铺首衔环的设计反映了建筑拥有与分享的商业性目的。

一方面，晋、徽商居、民居建筑的指导思想，是基于传统社会伦理框架下建构的小农经济文化体系，并结合商业文化及其可持续性展开与衍生的。中国传统建筑有关民居的理念及表现形式，既要适应男耕女织的社会形态，又要兼顾家庭生产与经济生活的需要，还要满足人丁繁衍、家族脉络传承、安居乐业的目的。

另一方面，晋派建筑和徽派建筑民居的营造，体现了商品经济萌芽时期的商业文化特色及风格。明清时期，由于商品经济萌芽，参与商品经济活动的投资与经营主体，即商人，成为社会财富聚敛的典型代表，不论是城市还是农村，都有商人的足迹，都受到了商品文化的影响。

总之，在小农家庭经济文化生活中，解决人的衣、食、住、行各种用度问题，不少是由商品文化因素参与、执行与完成的。换言之，小农经济社会之所以出现了商品经济的萌芽，就是由于传统的生活因素增添了足以显示商品文化的特征，展示了以商品生产为核心内容的社会生产力发展的主流特征。正因为如此，小农经济社会进入商品经济时代后，建筑文化的语义及功能最终发生了根本性的变化。

首先，它仍然以解决家庭及不断滋生的人丁的居住问题，以及改变居住条件与构建居住良好环境为基本内容及语义阐释。

其次，商品经济时代的到来基本打破了小农家庭经济的桎梏，但凡通过劳动获得的物品，均可以拿来作等价交换，于是，整个社会不仅仅商人具有商品意识，其他生活在该环境条件下的人，均有商业意识及行为表现。

再次，建筑以彰显商品价值和意义的社会性生产及表现形式以及象征性符号进行呈现，从而体现了商品化的功能及语言。

最后，在传统建筑及文化语义中，此时，商业的文化效应已经随着它在全部社会文化中发酵而起着主导方向的意义。

5.3 衍生：铺首衔环作为独立工艺品形式的衍生设计研究

铺首衔环基本的功能是开合门板，它被装置在门板上，与建筑一体化，并随着文化积淀与时间推移，在形式、内容及内涵上逐渐拓展与积累，尤其在文化语义上的转化，使其具有丰富多彩的意义。铺首衔环的独立性语义，在于它从对象思维到造型的取材及抽象化构成、造型内容即题材的选取、造型形式和表现、制作造型的材料和工艺，造型的制作技术及构成的工艺流程等，一并成为中国工艺美术的重要范畴之一。

显而易见，铺首衔环作为独立的营造实体——建筑物的零配件，其作为建筑文化词汇及语义的阐释，均可以根据时代的推移进行有效的延伸，以丰富其文化表现的内容及内涵，乃至用更好的文化创意成果充实现有的社会需要。

在中国传统建筑体系中，铺首衔环既包含在"砖—木—石"的建筑结构体系之中，又独立于"砖—木—石"的结构体系之外，就是这样，铺首衔环在文化功能和文化语义上属于可交叉的文化范畴，一方面，它试图营造中国传统建筑功能的完整性，或者说，铺首衔环属于必须设置的门板的把手、推手，执行着开启或者闭合门板的功能，起着易于移动门板的作用，因此，它是建筑物的有机配件之一，是人与房屋进行充分交融的有效界面；另一方面，就建筑材料及整个结构体系而言，铺首衔环尽管属于门的有效构件，但其在材料工艺与制作工艺技术及流程中所体现出来具有独立文化语义的特征，使它完全可以独立于建筑工程体系之外，而成为独立的工艺美术内容，即它依据一定的文化内涵及表现形式涵盖了中国工艺美术的文化语义及价值和意义，它所具有的工艺美术的文化内容与具体的表现形式，可以独立地成为一个社会生产及产品流通体系。

工艺美术，在中国传统文化中是一个基于生活实用的手工艺制品文化范畴，它充分地调动着各行各业中手工艺人的生产积极性广大手工艺人，充分展示着他们的智慧与灵巧的双手。铺首衔环，作为工艺美术品，它的制作，不仅会受到建筑文化的严格制约，而且完全可以根据工艺美术的标准及工艺流程来进行制作。

具体地，铺首衔环的制作，首先在于立意，立意已尽兴。立意包括题材、主题意识、造型形式及与语义的关系，比如，图腾形式的采用，需要明确图腾的题材、思想表现，以及具体的造型形式与语义表达的关系；再如，具有标识的造型形式，其题材必须符合标识的主题意识及表现，具体造型形式必须与标识语义相符合。这样，铺首衔环不仅在建筑上具有一定的功能，而且，独立于建筑语系之外，还具有完整的工艺美术语系及表现特征。

当然，工艺美术更重要的内容和表现形式，必须符合生产和生活的关系。铺首衔环，作为具体的工艺美术品，仍然必须与一定建筑物的具体门板相结合，更重要的是，必须考虑特殊的材料及工艺性能，必须耐拉扯。正因为如此，铺首衔环制作的材料选择，基本以具有较强机械性能及机械强度的优质木材、金属材料（主要是铁）等材料为主。针对材料加工，以及铺首衔环的制作工艺技术，也有一套完整的流程，就铁质材料而言，简单地讲，从采矿到矿石粉碎、铁质精粉遴选、冶炼、模具制作、熔铸、金素切割或焊接、打磨、漆绘等，构成了完整的制作工艺。同样地，其他材料的制作程序也如此，具有有机构成的文化价值及意义。

早在西周时期，就已经形成了完善的制作工艺体系及理论体系。成书于战国时期的有关工艺美术理论专著《考工记》指出："天有时，地有气，材有美，工有巧，合此四者然后可以为良。"随后，中国工艺美术在历经数千年的发展后，到明清时期已经发展到完全成熟的阶段。明代，工艺美术与工场手工业相结合，出现了手工业流水线的生产和制作方式。不仅如此，明清时期多种手工艺在原有基础上获得了极大的技术进步，金属切割、焊接、镶嵌等技术在一个工艺品种中获得综合性应用的现象屡有出现，甚至出现了具有综合性工艺特征的金属工艺美术品种，比如，铁画、景泰蓝等工艺美术新品种。明清时期，在建筑及其文化体系中，由于工艺美术创意与制作水平出现了新突破，因而，铺首衔环的创意和制作也明显地出现了提升的迹象。在晋派建筑中，铺首衔环主要采用平面构成的形式，创意与制作主要以各种适合的造型形式来包容文化内容，并在此基础上提炼主题，诸如，吉祥如意、祈福、天降瑞气、五福临门、子孙满堂等，主要以图案的形式表达，以体现工艺美术造型与意蕴的统一。在徽派建筑中，铺首衔环主要以立体造型的形象展示，创意及营造主要以各种立体造型的动植物形象来表达，这一方面执行了铺首衔环的实用性功能，另一方面执行了表达了单元性门户的语义，标志着家庭在社会中所处的身份、地位。总之，铺首衔环在建筑文化体系中，其工艺美术语义既是功能性的构成，又是语义性的阐释。

铺首衔环被纳入纯粹的工艺美术品范畴，并进行衍生性阐释，在社会生产和社会文化生活中，具有原创性的价值和意义。基于铺首衔环原创性功能、价值及语义的衍生，便是铺首衔环在物质和非物质文化创造中所具有的历史文化遗产价值。

一方面，铺首衔环是一定物的构成和结体形式，是历史上持续不断的文化发展及为生活利用的结果。尽管明清时期，不论中国建筑，还是工艺美术，都发展到具有里程碑意义的程度，但铺首衔环并没有因之而停滞，它仍然有着继续发展之路与前景，有着继续创新和表现的空间。工艺美术是一个历史渊源久远、具有可持续性的文化范畴，它集社会生产与社会生活于一体，旨在解决生产和生活的有机构成关系问题，故此，作为工艺美术的铺首衔环，其延续性就是在不断创新与积累中发展的，并成为特定时代社会生产和社会文化生活重要内容。

另一方面，铺首衔环在语义上的复杂性及丰富性，尤其深刻的历史文化内涵，是建筑文化和工艺美术文化长期发展、沉淀及积累的结果。最初，铺首衔环起源于图腾崇拜，后来，归于礼制及文化范畴之中。古老的崇拜，源于对自然现象等的疑惑和不解。从建筑及其文化语义的原始萌芽状态开始，最初，人们栖息在岩洞中，或者栖息于密林深处的树杈间，旨在避免各种的侵害，后来，随着建筑技术的进步，建筑文化复杂和丰富的文化语义形成。最终，建筑以完整的功能及语义表达了人之所以为人的建筑文化内涵，此时，铺首衔环获得了最为完整的阐释。　正因为如此，铺首衔环可以作为单独的工艺美术品，其独立性是十分显著的。也可以说，作为独立的工艺美术品，铺首衔环从创意到制作完成，完整地表现为另一种独特的营造体系，即工艺美术发展体系。

5.4 借用：从立体到平面的视觉转换设计研究

人们赋予铺首衔环造型美的时候，寄寓了对休闲安逸生活的希冀，故此，人们将寓意吉祥如意的造型引入铺首衔环的设计与制作中。

铺首衔环从立体到平面的视觉认知及体验，是一个关于空间建构的完整的概念，或者范畴。

从材质、形式及功能上看，铺首衔环是一个独立于中国建筑体系之外的建筑物构件性制品，它之所以被列入中国传统建筑体系中就是因为它所具有的实用性功能与它所具有的标识性语义。从材质上看，它可以是铁质等金属材料，这与中国传统建筑结构没有紧密的关系，或者说，这是独立于中国建筑文化体系之外的。铺首衔环的功能推拉、开关门板，它的诸多的装饰图案涉及到中国传统伦理文化的内容，这与建筑本身文化内涵相一致。故此，铺首衔环被理所当然地放置在建筑文化体系中。

但在另一个方向上，铺首衔环在除去基本实用性功能之后，实际上，仅仅成为视觉形象了。换言之，铺首衔环从立体走向平面，在设计上自然地成为一个独立产品品种存在、发展。

5.4.1 功用与造型的有机统一

铺首衔环，在中国传统建筑文化体系中，第一，具有功能作用，它的功能性集中在其造型的具体形态上。尽管晋派建筑的铺首衔环多呈平面形态，但在功能上不仅没有削弱，反而因为其简洁的表现形式，能完整地展示形式与功能的有机结合性。徽派建筑的铺首衔环则在造型与功能关系方面，更需要体现它的机械功能，十分强调立体构成的功能性原理及功用。

第二，具有识别的作用，即它以独特的造型及相应的文化语义给人以辨别功能，使人从意识产生到目的形成，然后，按照目的的对象化目标，即铺首衔环所在的具体位置找到并抓紧铺首衔环——成为人与建筑交互的首选界面，但真正的交互是在识别之后开始的。当人经过一定的具体行动，接触和抓住铺首衔环就有了到家的归属感，进而实现了回归的动机和目的。

第三，铺首衔环具有文化象征意义。铺首衔环设于门板之上，是使人识别门与建筑房屋之间关系的首先和必要的机关。门板是具有隔开两两之所的关卡，在建筑房屋中有着阻隔的作用，而铺首衔环则是设置在门板上的推移、开启及关闭门板的功能性机关。另外，门板还具有住户门面的意义，彰显着建筑物主人的身份和社会地位，而铺首衔环设置在门板的显耀位置，不仅具有开合门板的作用，而且还是识别门板的具有可视性与可触摸性的焦点。

明清时期，中国商品经济大发展促使社会文化进入到商品经济占据极其重要地位的时代，在文化史上称之为商品经济时代。中国建筑的营造理念在传统文化基础上获得进一步发展与丰富，民居建筑的功能是在以实用为主要目的的基础上彰显着这个时代的特色，其中，晋派建筑和徽派建筑的文化内容展示了新兴经济的特色，成为那个时代民俗建筑流派的典型代表。

第四，具有教育及文化传承的语义。铺首衔环的教育意义首先表现在它是劳动的成果，尤其是工匠劳动的成果。劳动是人获得生存条件的第一要务。年老一辈的工匠将自身的劳动技术传授给下一代，这样，代代相传便产生了"工匠世家"。《齐语》指出："士之子恒为士，农之子恒为农，工之子恒为工，商之子恒为商。"就是这样，社会文化阶层生成后，劳动集中于一定的社会文化阶层中。铺首衔环是工匠劳动的成果，工匠就是采用铺首衔环制作的整个劳动内容展开教育的。

5.4.2 识别在先而功用于后

铺首衔环的识别功能是通过其造型与其所具有的功用来设计、制作的，在视觉上，民俗建筑的营造理念与表现方式，就是将铺首衔环设置在门板的适合位置，铺首衔环侧重平面创意、设计及制作，将识别的语义和实用的功能结合起来，形成了铺首衔环重要的文化意义。

从实用的角度看，铺首衔环首先是其具有识别作用，其次，才是其开启或者关闭门户的功能性作用。进一步讲，铺首衔环经过数千年的演变及文化融合，它早已远远超出了功用性范畴，而将文化识别的功能发挥到了极致，这就是晋派和徽派建筑中铺首衔环的文化语义。

再从审美的角度看，如果说铺首衔环是工艺美术品，那是因为它自始至终拥有着工艺美术的内容、形式及社会基本规范。时光流逝，铺首衔环丝毫没有失去昔日的风采，反而正因如此，晋派和徽派建筑中的铺首衔环是一个文化的两个源头。

5.4.3 平面印象与立体把握

铺首衔环呈现不同的造型形象，便有着不同的目的与不同的功能需要，需要最直接地将铺首衔环的界面作用更具体和直接地表示出来。

铺首衔环被视为平面形象，并予人以平面印象，可以使人在识别中迅速观察到造型形象的全貌，进而获得全部的文化语义并理解其功能、价值和意义。

铺首衔环以立体形象出现，旨在使人从功用的角度出发，并立足于人对建筑物界面的有效把握，直至让介入者快速地与之形成交互关系。铺首设置在门板的边缘，意在与门转形成长长的力矩，在铺首上集中设置衔环，使推拉门用力和着力点再次从铺首上转移并聚集在一个点上，这个点与门板和门框的衔接点，即门转构成了长长的力矩，这样，人在推拉门中轻轻用力便可以达到开启与移动的目的。铺首衔环的功能就是这样实现的。铺首的立体形象设计与制作，愈加集中在这个功能之上，旨在使推拉门更为方便。

5.5 教育：以知识普及为起点的广泛教育价值

铺首衔环在文化教育上所起的作用及价值，有狭义和广义之别，狭义上看，它仅仅只是建筑门饰中的铺首衔环，是传统建筑文化的一个部分，但在广义上，它却是融汇了中华传统文化内容、具体表现形式及内涵的"包袱"。

文化传承及可持续发展的过程和结果表明，建筑功能之范畴从最初解决人类居所及生理和心理适合需要为主发展到体现一定的社会阶层文化标识，反映他们的审美，既是人们对于生产和生活关系认识水平的提高，又是人们利用其表达自我的窗口。建筑物门板的铺首衔环随着建筑及文化的发展，也走过了这样的历程。铺首衔环最早出现，是人们需要在所建造的房屋中设置门和窗这样的气韵贯通的装置和设备，为了能够省力地将门窗开合，于是，便在门、窗上设计与安置了把手等人机界面，便于操作。随着建筑文化内涵的丰富与外延的延伸，建筑物本身的文化功能发生着质的变化。建筑物从解决人有所居这一最初的需要，转化为身份、阶层、财富拥有多寡的象征。正因为如此，建筑物的任何部分或者局部构件的文化内涵也在不断丰富。

就建筑物发展的历史过程及不断的文化积淀而言，作为教育的功能、作用及意义，可以从大的两个方面进行思考：

建筑物反映了人类劳动的过程、结果及劳动成果的分享，首先是对于劳动之具体性内容与表现形式，以及由劳动技术构成的工程工艺技术等的全面理解。从教育的本质上看，它是社会生产力水平的传承与社会生活经验的传承。"人们在一定社会联系和关系中，形成了一定的劳动纪律，积累了社会生活经验。年老一代为了维持和延续人们的社会生活，使新生一代更好地从事生产劳动和适应现存的社会生活，就把积累起来的生产斗争经验和社会生活经验传授给新生一代。同时，作为个体的人的发展来说，一个幼嫩的初生婴儿要能长成为营谋生活的成员，即从一个生物实体的人转化为一个社会实体的人，也需要成年人的抚育与培养。这样便产生了教育。所以，教育是培养人的一种社会活动，它的社会职能，是传递生产经验和社会生活经验，促进新生一代的成长。"[①] 不言而喻，人从建筑中学习到的知识，也主要表现在劳动技术和生活经验之上。

就铺首衔环的劳动技术教育而言，从根据铺首衔环的功能，即工作原理出发，进而思考其造型及结构形制的完整性，务必使受教育者谙熟。

铺首衔环，设置与安装在建筑物房屋的门板上，起着推拉及开合房门的功能性作用，这个功能性作用是由人类的某种特殊的劳动形式实现的，这便构成了人对应铺首衔环的劳动技术。教育便以之为劳动教育的内容并通过一定教育方式、方法来执行并逐步展开。

在材料的选择上，铺首衔环一定需要物理性能良好的材料，以适应其不断

---

① 王道俊，王汉澜. 教育学[M]. 北京：人民教育出版社，1989: 24-5.

被把握、推拉，故此，在中国建筑发展的长期实践中，人们自然地利用了取材便利，冶炼技术成熟，适宜铸造、锻打、镂空透雕、延伸性能良好的铁作为普遍使用的材料。这便构成以材料为基本内容的工艺技术教育的基础。

在成型技术的选择上，其中，最为简洁的技术方法就是铸造，这是铺首衔环一般采用的制作工艺技术，但它却展示了劳动技术与造型特征的一致性。因之，技术教育的核心主旨就是使受教育者认识到技术与造型形式的高度统一。

从劳动与生活的关系上看，铺首衔环具有极强的工艺性要求。为此，基于造型与功能统一的原则，把握人体工程学原理，即握感舒适等，以及根据传统积淀的经验，需要实操工匠综合传统与当下进行带有适合性的继承与开拓性的创造，这便是普遍意义上的工匠文化及工匠精神的教育。

铺首衔环在人们生活中所能提供的教育内容、教育形式及发挥的教育作用、价值和意义，就更加多元和多样，这既涉及到历史文化，又涉及到现在社会文化，还能够延伸到未来的发展态势。建筑物在功能性使用中，其内涵不断丰富，外延不断延伸，因之积累了广泛和丰富的文化内涵，这是建筑物本身的人文价值体系。同样，铺首衔环也可以作这样的文化语义及教育内涵延伸。

在现如今的中小学课堂里，已有部分学校开展以铺首衔环为主题的学习与创作，从欣赏优秀的各地铺首衔环案例开始，普及铺首衔环的产生及发展知识，把中国传统文化的种子播撒在青少年心中，提升下一代的民族自信，继而引导他们独立创作，参与到新的铺首衔环设计当中。这样的一个教育流程，不仅提升受教者的知识结构，培养其动手能力和创造能力，也是对其价值观的熏陶和影响，在潜移默化中将中华传统文化继承和发扬光大。

5.6 广泛的社会实践及美学价值的提升

铺首衔环在中国传统建筑工程体系与中国传统建筑文化语汇中是极其重要

的内容之一，它是劳动生产经验与生活经验相结合的认知经验的总结，是人们将从自然中所获得的物通过劳动转化为成果之后的分享，人们从中既可以感受到劳动的美，又可以感到生活的美。故此，对中国传统建筑铺首衔环之考量，可以从劳动美学和生活美学两个方面进行思考与体认。

就劳动美学而言，所谓劳动美学，在内容上包括劳动主体参与劳动过程的体验与非劳动者分享劳动过程的体验。庄子在《养生主》中指出："庖丁为文惠君解牛，手之所触，肩之所倚，足之所履，膝之所踦，砉然响然，奏刀騞然，莫不中音。合于桑林之舞，乃中经首之会。"显然，庄子的体认是超越了解牛劳动技术本身及实现过程的，是一种基于解牛劳动基础上的审美意识和审美活动。尽管社会性审美是具有一般性语义的，但是，具体的社会实践活动却具有自身的内容与相对应的表现形式，这就能使人从不同的角度对社会文化活动的审美获得不尽相同的审美感觉和审美体认。

就铺首衔环制作劳动的审美意识及审美体认而言，劳动过程及具体技术的展示，与庖丁解牛的所属范畴相比，肯定存在着明显的差别，但劳动过程中所蕴含的内在本质却是一致的。铺首衔环的制作，从材料制作到造型制作，是一个完整过程的结体。从采掘铁矿石开始，采掘矿工的装束及所构成的劳动大军整体阵容形象、劳动过程所体现出的组织性和秩序感，以及打击矿石的撞击声所构成的韵律，与蕴藏在工人心里的喜悦或者抑郁等情感的内隐与外泄，让人备感刺激。这种体认既是表象的，又是深入内心的。

从冶铁过程看，铁矿石的材质、色泽及劳动者所处的环境等构成了可以提供多种审美的对象——环境审美、人实践行动的审美、材料审美等。制作铺首衔环的过程中，就是铁匠的劳动过程，内容涉及到铁匠劳动中一丝不苟的态度、持续不断的打击声所构成的韵律、成品的造型等，这些均可以让审美者产生共鸣。总之，对于铺首衔环制作过程的审美是多方面的。

生活在一定环境中的人们的审美感受，是五味杂呈，众说纷纭的，但其本

质是发自内心的心理感受。铺首衔环所带给
人生活上的感受，首先是从造型及功能的是
否符合生理和心理感受出发的，然后才是铺
首衔环的造型美、色泽美和肌理美等，最终，
人们能体验到容纳在铺首衔环中的中华民族
文化的丰富性和厚重。就晋商民居中铺首衔
环的审美意识与审美体认而言，观照者势必
先从平面式的造型、装饰等方面来认识与体
验它的审美内容及特征。另外，作为一种造
型衍生，晋派建筑的铺首衔环常常在二维方
向上作适度的延伸，诸如铁皮修饰门的边缘、
棱角；整个门板均有看叶包裹，以显示铁制
造型形象的全局性审美语义。与之不同的是，
徽派建筑的铺首衔环，以立体式建构为特征，
它并不在二维平面上进行审美形象的延伸，
而是在三维空间形象的结构内部、造型形象
的象外之象上深入，故此，对于徽派建筑铺
首衔环的审美及体认，就完全超越了一种平
面的感觉和感受，如图5-3，5-4，这样的
铺首衔环，其审美及体认，在本质上就是一
种生活的厚重感，这种厚重感既来自人们对
自然界物质形态的认知、选取、采集、筹划
及锁定——固定在一定的材质的具体形态及
所涵盖的内容上，又来自对人的抽象性生理
和心理及对自然界造型形象的深度加工。

图 5-3

图 5-4

进一步讲，也是十分重要的审美内容，那就是生产劳动的技术与生活满足及其表现形式的有机统一所构成的审美内容。好的工艺的审美体验自然更加丰富，社会价值及意义也更加深入和广泛。人类的任何生产劳动，从本质内容上讲，都是为人类生活得更美好而进行的，这是生产劳动总的审美内容。

建筑艺术审美与其对应的各种工艺美术审美是完整、有机和高度统一的。对于中国传统建筑艺术，实则为各种工艺美术审美的合体，铺首衔环的制作工艺，构成了它的工艺审美。所谓工艺美术审美，包括制作的工艺技术美、所采用材料的材质美、劳动制品造型的形式美及形象美，以及由之构成的实用性的功能美与工艺美术品参与环境并在环境建构中所体现出的环境美及意蕴美等，它们综合构成了工艺美范畴。

晋派建筑、徽派建筑的铺首衔环虽然具有一般的工艺美的文化内容，但在中国传统文化体系中不属于工艺美术的文化范畴，而归属于建筑文化的审美范畴。在建筑文化中，铺首衔环属于功能性造型形式，以功能美为基础，造型形式为功能服务，即"形式追随功能"，然而，中国传统文化又从文化根源上对之进行了独立的界定，作为一个门户的门面，它具有文化的象征意义，是具有标志性的文化符号。尤其晋派建筑和徽派建筑的铺首衔环，不仅蕴含了地域性鲜明的三晋文化和江淮文化，而且，依据时代特有的文化现象及文化潮流，它代表了明代以来在晋徽两地兴起的商业文化。因此，晋派建筑和徽派建筑的铺首衔环具有商业文化的审美内涵。

从铺首衔环的对象化目标实现的角度看，对它的创意、设计及制作，在传统社会生产和生活环境中，又必须经历工艺美术的层层关卡。具体地，制作铺首衔环，采用的工艺的确是工艺美术品的内容和形式，即它是独立地执行着特定的社会生产功能与独立地执行着特定的社会生活功能的劳动制品的总称，从建筑内涵的角度看，铺首衔环必须具备属于建筑语义的社会文化功能，如果将铺首衔环与具体的建筑相隔离，显然，铺首衔环就失去了存在的作用、价值和意义。因此，尽管人们可以从工艺美术的角度对之进行加工制作，甚至可以对其进行审美，但在真正意义或者在社会本质意义上，铺首衔环的审美还是建筑及文化艺术的审美。

综上所述，铺首衔环的审美价值及意义，是广泛的，但它又是聚焦于建筑及其文化的。建筑，既是实用性的工程，又是审美性的艺术，是空间艺术的重要内容之一。就建筑本身而言，它是立体式的造型的重要内容和表现形态之一，但在使用空间上，它具有伸缩性的实用及审美功能。铺首衔环作为建筑物的重要构件，它是执行并实现其实用功能中所必要的审美提升与本身所具有的审美功能提升的综合性审美运动模式。

结 论

　　居住及文化，既自成文脉，又与衣、食、住、用等文化有机联系在一起，共同构成了中华文化体系，在这个文化体系中，居住文化，自古以来就受重视，从地穴、岩洞、筑巢到砖—木—石结构形制房屋，中华民族建筑发展史伴随着中华民族的发展、进步。也正是在这个过程中，建筑配件之一的铺首衔环，在历史的洗礼中阅历递增。最初，铺首衔环只是一个门板的功能性配件，助人开启或者关闭房门。但是，随着历史的进程及文化的不断积累，铺首衔环在时空上出现了鲜明的差异性。这种差异性，不仅表现在时间的推移上，也表现在区域性差异所带来的民俗文化及社会价值追求上。

　　就建筑文化语义及内容与形式表现看，建筑的核心内质源于人必须拥有的以休息、睡眠来恢复体能、精气为目的所形成的居所及其文化，它进一步衍生还包含部分劳动场所、娱乐活动场所、祭祀场所等，一并成为建筑文化的核心内容。在形式、功能及文化内涵衍生中，建筑语义发生着根本的转化，人们最初居安思危，然后，人们又试图居安思乐，直至最终才形成了未雨绸缪的创造意识和行为表现。

当然，对传统文化语义上建筑固有范畴的突破，在于社会的发展与社会文化生活的根本性变革，即传统农业社会生产力发展到特定历史条件下，足以突破小农经济社会的束缚，成就部分人跳出它的种种桎梏，这一部分人便是从事商业运作的人，其中，晋商和徽商成为典型代表。

同属于明清时期的两大商帮——晋商和徽商，一南一北在中华大地上营造自己的家园，并各成体系，本书将其归类为晋商民居和徽商民居。它们是中华民族建筑文化一体多元的典型代表，是明清时期重要的两个"元"，它们分别包含着各自的文化要素，既有自身的独特性，又具有中华民族建筑及其他文化的共性。

晋、徽商居建筑是综合性的建筑艺术，是中华民族审美在特定历史阶段与特定地域的特殊人文精神的反映。晋、徽商居建筑不仅基于中华民族建筑理念，遵循中华民族的营造方式，而且，还将中华民族传统工艺美术吸纳进来并进行有机融合。

晋、徽商居建筑从大设计上见格局，从细微末节上见匠心，尤其铺首衔环，既彰显格局，又体现工匠精神。

建筑文化是综合性的文化，它凝聚了多种材料及工艺，融合了多种思想及其具体表现，体现了多种技术及其技巧，满足了多种文化生活的需要，呈现中华传统文化的时代性和地域性特征。

总之，对于晋、徽商居建筑的铺首衔环研究，足可以观明清时期建筑的一般与特殊文化内涵，铺首衔环虽然在两个建筑派别中存在不少差异，但就其本质而言，却是一致的，它全面反映着当时的社会文化状况，反映着商业文化大发展之后的重要特征。

参考文献

[1] 梁思成. 中国建筑史[M]. 北京: 中国建筑工业出版社, 2005.

[2] （战国）佚名, 俞婷编译. 考工记[M]. 南京: 江苏凤凰科技出版社, 2016.

[3] （东汉）许慎, 汤可敬撰. 说文解字（上、中、下）[M]. 长沙: 岳麓书社, 1997.

[4] （西汉）司马迁. 史记[M]. 北京: 中华书局, 1992.

[4] （宋）欧阳修, 宋祁. 新唐书[M]. 北京: 中华书局, 1992.

[5] （宋）李诫, 邹其昌点校. 营造法式[M]. 北京: 人民出版社, 2021.

[6] （元）脱脱等. 宋史[M]. 北京: 中华书局, 1992.

[7] （明）张廷玉. 明史[M]. 北京: 中华书局, 1957.

[8] （清）李渔. 闲情偶寄[M]. 北京: 万卷出版公司, 2008.

[9] 韦明铧. 江南戏台[M]. 上海: 世纪出版集团上海书店出版社, 2004.

[10] 李乾郎. 穿墙透壁: 剖视中国经典古建筑[M]. 桂林: 广西师范大学出版社, 2004.

[11] 吴念民. 大屋辟影[M]. 北京: 中国科学文献出版社, 2013.

[12] 薛旋风. 中国城市及其文明的演变[M]. 北京: 世界图书出版公司北京公司, 2015.

[13] 庄裕光, 胡石. 中国古代建筑–雕刻[M]. 南京: 江苏美术出版社, 2010.

[14] 张道一, 唐家路. 中国古代建筑–木刻[M]. 南京: 江苏美术出版社, 2010.

[15] 阮荣春, 黄宗贤. 佛陀世界[M]. 南京: 江苏美术出版社, 1995.

[16] 梁思成. 中国雕塑史[M]. 北京: 生活.读书.新知三联书社, 2011.

[17] 李福顺. 中国美术史（上、下册）[M]. 沈阳: 辽宁美术出版社, 2000.

[18] 田自秉. 中国工艺美术史[M]. 上海: 东方出版中心, 1985.

[19] 陈华文. 文化学概论新编[M]. 北京: 首都经济贸易大学出版社, 2009.

[20] 葛兆光. 中国思想史（三卷本）[M]. 上海: 复旦大学出版社, 2001.

[21] 张亦农, 景昆俊. 永乐宫志[M]. 太原: 山西人民出版社, 2006.

[22] 王文章. 非物质文化遗产概论[M]. 北京: 高等教育出版社, 2013.

[23] 杜继文. 佛教史[M]. 南京: 江苏人民出版社, 2008.

[24] 金宜久. 伊斯兰教史[M]. 南京: 江苏人民出版社, 2006.

[25] （战国）庄周. 庄子[M]. 北京: 北京燕山出版社, 1995.

[26] （春秋）孔丘, 杨洪, 王刚释义. 中庸[M]. 兰州: 甘肃民族出版社, 1997.

[27] 宋应星. 天工开物[M]. 呼和浩特: 内蒙古人民出版社, 2009.

[28] 尹定邦. 设计学概论[M]. 长沙: 湖南科学技术出版社, 2008.

[29] 孙斌. 陶瓷文化 大千世界[M]. 上海: 同济大学出版社, 2013.

[30] 叶朗. 中国美学史[M]. 上海: 上海人民出版社, 1985.

[31] （战国）孟轲. 孟子[M]. 太原: 山西古籍出版社, 1999.

[32] 李秋香,罗德胤,贾珺.北方民居[M]. 北京：清华大学出版社， 2010.

[33] 张之恒. 中国考古学通论[M]. 南京: 南京大学出版社, 1991.

[34] 孙美兰. 艺术概论[M]. 北京: 高等教育出版社, 1989.

[35] 王道俊, 王汉澜. 教育学[M]. 北京: 人民教育出版社, 1989.

[36] 尤西林. 美学原理[M]. 北京: 高等教育出版社, 2021.

[37] 李琼. 行走沁水 [M]. 太原: 山西人民出版社, 2015.

[38] 李砚祖. 装饰之道 [M]. 北京: 中国人民大学出版社, 1993.

[39] 楼庆西. 千门之美 [M]. 北京: 清华大学出版社, 2011.

[40] 吴裕成. 中国门文化 [M]. 天津: 天津人民出版社, 2006.

[41] 王建华. 三晋古建筑装饰图典 [M]. 上海: 上海文艺出版社, 2005.

[42] 王其钧. 图说中国古典建筑——民居 城镇 [M]. 上海: 上海人民美术出版社, 2013.

[43] 李欣. 中国古建筑门饰艺术 [M]. 天津: 天津大学出版社, 2006.

[44] 山西财经大学晋商研究院编. 晋商与中国商业文明 [M]. 北京: 经济管理出版社, 2008.

[45] 王建华. 山西古建筑吉祥装饰寓意 [M]. 山西: 山西人民出版社, 2014.

[46] 陈国庆. 晚清社会与文化 [M]. 北京: 社会科学文献出版社, 2005.

[47] 刘建生. 晋商研究 [M]. 太原: 山西人民出版社, 2005.

[48] 楼庆西. 中国建筑的门文化 [M]. 北京: 中国建筑工业出版社, 2004.

[49] 陈志华. 乡土瑰宝——村落 [M]. 上海: 三联出版社, 2008.

[50] 朱启新. 文物物语:说说文物自身的故事 [M]. 北京: 中华书局, 2007.

[51] 黄鉴晖. 明清山西商人研究 [M]. 太原: 山西经济出版社, 2008.

[52] 李秋香. 丁村[M]. 北京: 清华大学出版社, 2007.

[53] 胡晓洁. 门钉与铺首构成的语汇:谈晋南丁村明清民居中的门饰[J]. 装饰,

2016(04).

[54] 胡晓洁. 徽派民居中铺首衔环的艺术特征[J]. 装饰, 2014(04).

[55] 谭淑琴. 试论汉画中铺首的渊源[J]. 中原文物，1998 (4) .

[56] 孙作云. 说铺首[A]美术考古与民俗研究[C] 开封：河南大学出版社，2003 .

[57] 苗霞. 中国古代铺首衔环浅析[J] 殷都学刊，2006(3).

[58] 季忠伟. 中国宅第门饰艺术中的铺首装饰 [J]. 湖州师范学院学报，2003(6).

[59] 王建华. 山西传统民居门饰艺术的代表——门环与铺首 [J]. 文物世界，
      2007(4).

[60] 杨昌鸿. 门里的乾坤 [J]. 天津大学学报，2004(5).

[61] 常艳. 铺首衔环装饰的起源 [J].山西建筑， 2006(11).

[62] 魏雪锬. 中国传统民居的"门"文化 [J]. 四川建筑，2005(4).

[63] 吴卫光. 中国古代建筑的门饰与门神崇拜 [J]. 华南师范大学学报（社会科学
      版），2002(4).

[64] 胡晓洁.潞泽商人遗存高平的"龙"门饰考略[J] .浙江工艺美术，2022(1)下.

[65] 朱启新. 铺首[J] .文史知识， 2001(11).

图书在版编目（CIP）数据

铺首：晋、徽商居文化中的门饰艺术 / 胡晓洁著. -- 上海：上海文艺出版社, 2023
（艺术与人文丛书）
ISBN 978-7-5321-8595-5
Ⅰ.①铺… Ⅱ.①胡… Ⅲ.①民居－门－建筑装饰－建筑艺术－中国 Ⅳ.①TU228
中国版本图书馆CIP数据核字(2022)第248023号

发 行 人：毕　胜
策 划 人：杨　婷
责任编辑：李　平　程方洁
特约编辑：王逸群
封面设计：顺美设计工作室
图文制作：张　峰

书　　名：铺首：晋、徽商居文化中的门饰艺术
作　　者：胡晓洁
出　　版：上海世纪出版集团　上海文艺出版社
地　　址：上海市闵行区号景路159弄A座2楼 201101
发　　行：上海文艺出版社发行中心
　　　　　上海市闵行区号景路159弄A座2楼206室 201101 www.ewen.co
印　　刷：苏州市越洋印刷有限公司
开　　本：710×1000 1/16
印　　张：12.5
字　　数：200,000
印　　次：2023年8月第1版 2023年8月第1次印刷
I S B N：978-7-5321-8595-5/J.593
定　　价：78.00元
告 读 者：*如发现本书有质量问题请与印刷厂质量科联系　T：0512-68180628*